複素関数論の基礎

山本直樹 著

裳華房

BASICS OF COMPLEX FUNCTION THEORY

by

Naoki YAMAMOTO

SHOKABO
TOKYO

まえがき

　本書を手に取っておられる方は，どのような理由で複素関数論を学ぼうと考えているだろうか．身もふたもない理由は，それが大学での必修科目だから，あるいは大学院の入学試験の出題範囲に含まれているから，というものであろう．もちろん，卒業あるいは進学のために複素関数論の分野の問題が解けるようになることは望ましいことであるが，これだけでは理由としては少々さびしい．それに，このような理由だけで問題が解けるようになっても，その内容は卒業後や進学後にすぐに忘れてしまうだろう．

　一方，実際的で，かつ一般にいわれている理由は，それが研究で必要だから，というものである．複素数や複素関数はあらゆる理工系の学問に登場し，そして，積分計算や流体解析などの目的に対して極めて強力な道具として役に立つ．つまり，研究者は日々，複素関数論を使って研究を行っている．しかし，皆さん方全員が将来研究者や技術者になるわけではないので，これまた理由としてはイマイチ説得力に欠ける．

　では，なぜ複素関数論を学ぶのか．あえて，さらなる理由を2つ挙げておきたい．これらは，上に挙げた理由を強化するものであるとともに，学問を修めるという行為の意義を真剣に考えたいという著者の思いの現れであると捉えてほしいのである．

　1つ目の理由は，「概念の拡張の仕方を学ぶ」というものである．複素関数論は，概念の拡張という意味では最も成功した理論体系の1つである．具体的には，複素関数論は実関数論の拡張であるが，その拡張の仕方は自然で美しく，結果として得られる事実は極めて有用で，しかもこのことが，それほど難しい理論や計算を必要とせずに出てくるのである．「なるほど，自然な概念の拡張とはこうやってなされるものなのか」と深く納得する経験は，

学習者の一生の糧になると信じる．実際大げさにいえば，例えば古くは自動車のエンジンから新しくはスマートフォンまで，概念の拡張とは「新しい価値の創造」につながるものと思うのである．そのための知恵を学ぶ，というのは複素関数論を学ぶための大義名分といえないだろうか．

2つ目の理由は，「複素関数論では，比較的容易に驚くべき諸結果を得ることができる」というものである．例えば，複素関数論を学ぶとかなり早い段階で"オイラーの等式"

$$e^{i\pi} = -1$$

という式に出会う．これを見て，「なんと，こんな式が成立するのか！」という純粋な驚きをもたないだろうか．他にも，コーシーの積分定理や留数定理など，複素関数論がもたらす諸結果は驚きに満ちている．もちろん，数学や物理学ではそのような驚きと感動をもたらす定理がいくつもあるのだが，それらの定理は時に富士山級の高山の頂上にまで登らないと得られず，そこに到着する前に挫折してしまうことがままある．これに比べて，複素関数論における驚きの諸結果は，比較的低い山へのハイキングで得られるものである（「得ることが困難である結果の方が重要性が高い」といっているわけではないことに注意！）．驚きと感動こそが，学習の意欲を駆り立てる原動力である．学習とは人間が成長するための生涯にわたる営みであり，複素関数論は，その原動力を得るための格好の題材なのである．

本書は，複素関数論の名著が数多くある中で勇気をもって加えた1冊であり，上で挙げた理由を満たすべく，以下の特徴をもっている．

〈**特徴1**〉

複素数は実数の拡張で，複素関数論は実関数論の拡張である．上述の大義名分を満足し，本書の学習を有益なものとするために，これらの概念の拡張がいかに自然で美しいものであるかを地に足が着いた状況で正しく理解していることが肝要である．そのため，"複素関数論のための"実数・実関数を解説するChapter 0を設けた．ただし，本論に入る前に20ページに亘って

復習をさせられると嫌気がさすかもしれないので，さし当たりざっと眺めてもらって，直ちに Chapter 1 から読み進んでもらっても構わない．必要事項は適宜参照してほしい．

〈特徴 2〉

まず，朝永振一郎博士の著作:「数学がわかるというのはどういうことであるか」の中の一文を紹介したい．

> 「(中略)個々の定理の証明などは一つ一つわかっても，全体系を作り上げるのに，なぜその一つ一つの定理がそういう順序でつみ上げられねばならないか，そういう点までわからないと，その勉強は結局ものにならないようである。(中略)数学を勉強してほんとにわかったという気もちは，おそらくその数学が作られたときの数学者の心理に少しでも近づかないと起り得ないのであろうか。」
> (『都中教研会報』7 月号，東京都中学校教育研究会，1961 年)

この言葉に完全に得心した著者は，浅学を顧みず，本書にその試みを盛り込んでみた．つまり本書では，でき得る限り，読者とともに複素関数論を一からつくり上げる気持ちで議論を進めていく．そして「なぜ，このことを考えるか」という議論の動機を常に確認し，ときには泥臭い試行錯誤も行う．このようなスタイルをとることで，読者とともに複素関数論の珠玉の定理たちを発見し，それらを真に理解するとともに，驚きと感動を共有したいのである．

最後に，本書では，数学的な厳密さについては犠牲にしている部分が少なくないことを付記しておく．読者には，全般的なストーリーを重視し，各定理の成り立ちと関係を理解することを念頭に学習を進めてもらえたらと思う．そして本書の通読後には，複素関数論が極めて上手く機能している理由と，理論の特に面白いと感じる部分を，自分の言葉で語れるようになることを大きな学習目標としてもらえたらと思う．

著者の勤務する大学の同僚である本多 敏教授には，本書の草案を通読し

て頂き，有益なコメントを頂きました．また，裳華房の小野達也氏には，執筆の構想段階から編集・校正にいたるまで多くのアドバイスを頂きました．厚く御礼申し上げます．

2015 年 10 月

山 本 直 樹

[本書の使い方]

- 各 Chapter の最初に，そこで扱う内容を概観するストーリーを付した．適宜参照して，立ち位置を確認されたい．
- ☆印を付けている節や項は，初学の際は飛ばしても問題ない箇所である．それらは上述の「試行錯誤」であったり，あるいは発展的内容である．ただ，再読の際にトライしてもらえたら思わぬ発見があると思う．また，付録も，☆印を付けてはいないが，このカテゴリーに属するものである．
- 本文中の問題は，基本的には，それが提示される直前で扱った内容から無理なく解けるものである．内容の理解を強固にする目的で取り組んで頂きたい．
- 演習問題には，本文中では触れられなかった重要事項を補う目的で用意したものが含まれている．適宜利用して知識の補完に努めて頂けたら幸いである．なお，解答は本書の略解の他，本書に関する裳華房のWebページ
  https://www.shokabo.co.jp/mybooks/ISBN978-4-7853-1565-8.htm
  で詳しく解説している．

目　次

Chapter 0　複素関数論のための実関数論

- 0.1　実1変数関数・・・・・・・・1
  - 0.1.1　微分・・・・・・・・・1
  - 0.1.2　積分・・・・・・・・・4
  - 0.1.3　テイラー展開・・・・・5
- 0.2　実2変数関数の微分・・・・・7
  - 0.2.1　偏微分・・・・・・・・7
  - 0.2.2　全微分・・・・・・・・8
- 0.2.3　方向微分・・・・・・・・9
- 0.3　実2変数関数の積分・・・11
  - 0.3.1　線積分・・・・・・・11
  - 0.3.2　周回積分・・・・・・15
  - 0.3.3　面積分・・・・・・・16
  - 0.3.4　グリーンの公式・・・17
- 演習問題・・・・・・・・・・19

Chapter 1　複素数とは何か

- 1.1　複素数の形式的な取り扱い方 21
  - 1.1.1　定義, 計算法, 約束事・21
  - 1.1.2　いくつかの定義と性質・23
- 1.2　複素平面・・・・・・・・25
  - 1.2.1　定義と使い方・・・・25
  - 1.2.2　極形式・・・・・・・29
  - 1.2.3　複素数の掛け算と
            回転の関係・・・・30
  - 1.2.4　ド・モアブルの公式・・32
- 1.2.5　複素数を超える数？・・34
- 1.3　オイラーの公式・・・・・36
  - 1.3.1　直観的導出・・・・・36
  - 1.3.2　オイラーの公式が意味する
            こと ― 複素関数論へ
            向けて ―・・・・・38
  - 1.3.3　オイラーの公式の使い方 38
- 演習問題・・・・・・・・・39

Chapter 2　複 素 関 数

- 2.1　複素関数・・・・・・・・43
- 2.2　平面から平面への変換・・45
- 2.3　指数関数と三角関数・・・49
  - 2.3.1　定義・・・・・・・・49
  - 2.3.2　種々の性質・・・・・51
- 2.3.3　三角関数と指数関数の
          変換則・・・・・・・54
- ☆2.4　対数関数と累乗関数・・・55
  - 2.4.1　対数関数・・・・・・56
  - 2.4.2　累乗関数・・・・・・60

2.5　多項式関数と有理関数・・・62　　演習問題・・・・・・・64

Chapter 3　複素関数の微分

3.1　定義と計算法・・・・・・・68
3.2　コーシー‐リーマン関係式・70
3.3　複素微分の再考・・・・・・72
　3.3.1　コーシー‐リーマン関係式の別表現・・・・・72
☆3.3.2　実2変数関数に複素微分可能の条件を課すとどうなるか・・・・75
☆3.3.3　コーシーの積分定理の実2変数関数版・・・76
3.4　正則関数と特異点・・・・・77
☆3.5　正則関数の性質・・・・・・80
　3.5.1　写像としての微分係数・80
　3.5.2　等角写像・高階微分・解析接続の直観的理解 84
演習問題・・・・・・・・・・87

Chapter 4　複素関数の積分

4.1　定義と基本的な計算法・・・91
　4.1.1　定義・・・・・・・・91
　4.1.2　複素積分の計算法・・・92
　4.1.3　周回積分による表現
　　　　— コーシーの積分
　　　　定理へ向けて —・・・96
　4.1.4　重要な例 — 円上動点のパラメータ表示について —・97
4.2　コーシーの積分定理・・・・99
　4.2.1　グリーンの公式による証明法・・・・・・・99
☆4.2.2　直観的証明・・・・・101
4.3　積分経路の変形・・・・・・103
　4.3.1　変形則1・・・・・・103
　4.3.2　変形則2 — 閉経路の場合 —・・・・・・106
　4.3.3　閉経路の変形則
　　　　— 一般化 —・・・108
4.4　実定積分への応用・・・・・110
4.5　コーシーの積分公式・・・・114
演習問題・・・・・・・・・・・117

Chapter 5　級数展開と留数

5.1　ベキ級数・・・・・・・・・125
　5.1.1　ベキ級数とその収束半径・・・・・・・・・125
　5.1.2　収束半径の評価法・・・127
5.2　ベキ級数展開・・・・・・・130
　5.2.1　有理関数のベキ級数展開

・・・・・・・・130	5.4.2 留数の計算法・・・・149
5.2.2 正則関数のベキ級数展開	☆5.5 留数定理についての補足事項
・・・・・・・・132	・・・・・・・・・151
5.3 ローラン展開・・・・・・136	5.5.1 留数の定義について・・151
5.3.1 非正則関数の級数展開・137	5.5.2 留数定理の一般化・・・153
5.3.2 ローラン展開・・・・138	5.6 実定積分への応用 ― 留数定理
5.4 留数定理・・・・・・・・144	による一般化 ― ・・・・154
5.4.1 留数と留数定理・・・・144	演習問題・・・・・・・・・・156

付　録

A.1 等角写像 ・・・・・・・・160	基本定理・・・・・・・・165
A.2 一致の定理と解析接続 ・・162	A.4 最大値の定理 ・・・・・・168
A.3 リウビルの定理と代数学の	

問題・演習問題の略解・・・・・・・・・・・・・・・・・・・・171

索　引・・・・・・・・・・・・・・・・・・・・・・・・・・・186

Chapter 0
複素関数論のための実関数論

　このChapterでは，実関数の微積分について，複素関数の場合への拡張を意図する形でまとめておく．特に，実関数論の範囲で説明可能な概念はすべてここで与える．なお，実関数論にある程度慣れている読者は，このChapterを飛ばしてChapter 1から読み進めても構わない．必要事項は，その都度参照してほしい．

✣ Chapter 0 のストーリー ✣

　0.1節　実1変数関数の微積分を復習する．特に複素関数では"微分＝接線の傾き"ではないので，概念のリフレッシュをしておこう．また，テイラー展開の展開係数が何を意味しているか，再確認してほしい．ここをきちんと押さえておけば，後に複素関数の級数展開を学ぶ際に，その驚くべき性質を深く実感できるはずである．

　0.2節と0.3節　実2変数関数の微分と線積分についてまとめる．一般に，微分係数は変数を動かす方向に依存し，また積分値は積分経路に依存する．複素関数の微積分を学ぶ際，一度，これら2つの事実を再確認してほしい．複素関数論の真骨頂は，それが本質的に2変数関数論であるにもかかわらず，方向に依存しない微分と経路に依存しない線積分を上手く定義することができる，という点にあるからである．

0.1　実1変数関数

0.1.1　微　分

　実数の集合を $\mathbb{R}$ と表し，その上で定義された実関数 $f(x)$ を考える．関数 $f(x)$ の微分とは，変数 x を少し変化させたときに，それにともなって

$f(x)$ がどれくらい変化するのかを調べるための操作である．つまり，**変数の微小変化に対する関数の応答**を調べているのである．実関数の場合は"接線の傾き"で微分を定義することもできるが，後々わかるとおり，複素関数については"接線"という概念が存在しないので，このような理解の仕方をしておくとよい．

具体的には以下のとおりである．ある点 x_0 に注目し，それを微小量 Δx だけ変化させると，関数の値は $f(x_0)$ から微小量 $\Delta f(x) = f(x_0 + \Delta x) - f(x_0)$ だけ変化する．そして，これらを**線形関係**

$$\Delta f(x) = K(x_0) \Delta x \tag{0.1}$$

で結び付ける．つまり，$(\Delta x)^2$ より高次の項は無視する．この $K(x_0)$ が，応答の大きさを表すのである[1]．特に，$\Delta x \to 0$ の極限で $K(x_0)$ が Δx によらずに決定されるとき，

$$K(x_0) = \left.\frac{df(x)}{dx}\right|_{x_0} = \lim_{\Delta x \to 0} \frac{f(x_0 + \Delta x) - f(x_0)}{\Delta x} \tag{0.2}$$

のように計算することができる．この極限において，$K(x_0)$ は $f(x)$ の**微分係数**とよばれる．逆に，(0.2) 式の右辺の極限を計算してみて，それが Δx によらずに一意的に決まるのであれば，$f(x)$ は x_0 で**微分可能**であるという．

図 0.1 に示すとおり，実 1 変数関数の場合は微分可能であれば接線が引け，そして $K(x_0)$ は接線の傾きを表す．なお，注目点 x_0 に特別な意味がないのであれば，(0.2) 式を次のように表す．

$$K(x) = \frac{df(x)}{dx} = \lim_{\Delta x \to 0} \frac{f(x + \Delta x) - f(x)}{\Delta x} \tag{0.3}$$

さて，複素関数論では，微分可能に相当する概念（正則性）が実関数論の場合よりも重要な役割を果たす．そこで，微分可能であることの意味について，次の例で理解を深めておこう．

---

[1] 例えば $f(x) = x^2$ の場合，$\Delta f = (x_0 + \Delta x)^2 - x_0^2 = 2x_0 \Delta x + (\Delta x)^2$ となるが，$(\Delta x)^2$ は高次の微小量であるため，これを無視して $\Delta f \simeq 2x_0 \Delta x$ を得る．つまり，この場合，$K(x_0) = 2x_0$ である．

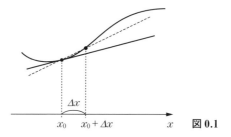

図 0.1

いま,道路 (z 軸) を走るある車の位置が,時刻 t の関数 $z(t)$ で表されているとする.この場合に $z(t)$ が微分可能であるとは,現在の時刻 t_0 より少しだけ過去に遡った ($\Delta t < 0$) ときの位置の変化 $\Delta z(t) = K(t_0)\Delta t$ の係数 $K(t_0)$ と,少しだけ未来へ時間を進めた ($\Delta t > 0$) ときの係数 $K(t_0)$ が同じであることを意味する.過去に遡ったときの変化 $\Delta z(t)$ はデータとして取得可能であるが,未来の時刻での車の変化はデータにない.しかし,いまの場合は過去のデータから $K(t_0)$ が計算できているので,これを用いて,$\Delta t > 0$ だけ未来へ時間を進めたときに位置が $\Delta z(t) = K(t_0)\Delta t$ だけ変化することが予測できる (図 0.2).つまり,**微分可能であるなら,Δt のオーダーで未来の予測ができる**わけである[2].

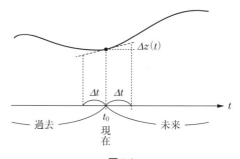

図 0.2

以上は変数が時刻という意味をもつ場合に限った理解の仕方であるが,一般の場合も同様で,「微分可能であるなら,$\Delta x < 0$ における"情報"が $\Delta x > 0$ における"情報"へ伝達される」というのが本質的な意味である ($\Delta x > 0$ から $\Delta x < 0$ も同様).この,

---

[2] 予測の精度を上げたいなら,$(\Delta t)^2$,$(\Delta t)^3$ などの高次のオーダーの係数が必要である.このことは,実は複素関数の"解析接続"という概念と関わってくる.

微分可能であるなら"情報"が伝わっていく

という感覚的な理解が，複素関数の場合の微分可能性とその多くの発展事項をスムーズに理解するために役立つはずである．

問題 0.1 次の実関数のグラフの概形を描き，微分可能性を調べよ．
(1) $f(x) = x^2 - 1$ 　　(2) $f(x) = |x^2 - 1|$
(3) $f(x) = \exp\left\{-\dfrac{1}{(x^2-1)^2}\right\}$

0.1.2 積 分

積分は，"対象の特徴を数値として取り出すための操作"という意味をもつ．例えば，ある物体の体積や重心，あるいは確率的に変動する変数（確率変数）の平均や分散などの統計量は，積分を用いて計算される．また，時間変化する信号 $u(t)$ のフーリエ変換 $\int_{-\infty}^{\infty} e^{i\omega t} u(t)\, dt$ は，この信号に周波数 ω の振動成分がどれほど含まれているかを教えてくれる．複素関数論における積分は，このような「特徴量を抽出する」という目的に対して，実関数の場合では成立しない強力な諸性質を有する．それらについては，Chapter 4, 5 で述べる．

関数 $f(x)$ の積分は次のように定義される．まず，積分を行う区間 $[a,b]$ を N 個に等分割し，各区間の幅を Δx とする．次いで，i 番目の区間で代表点 x_i を選ぶ（実はどこでも構わない）．最後に，x_i における関数値 $f(x_i)$ に Δx を掛けて足し合わせた上で，区間幅を無限に小さくし，それで $f(x)$ の積分を

$$\int_a^b f(x)\, dx = \lim_{\Delta x \to 0} \sum_{i=1}^N f(x_i) \Delta x \tag{0.4}$$

と定義する．

特に，$f(x)$ が区間 $[a,b]$ で微分可能であるとき，次式が成り立つ．

$$\int_a^b \frac{df(x)}{dx}\, dx = f(b) - f(a) \tag{0.5}$$

実際，

$$\text{左辺} = \lim_{\Delta x \to 0} \sum_{i=1}^{N} \frac{\Delta f(x_i)}{\Delta x} \Delta x = \lim_{\Delta x \to 0} \sum_{i=1}^{N-1} \{f(x_{i+1}) - f(x_i)\} = f(x_N) - f(x_1)$$

であるが，代表点の取り方の任意性から $x_N = b$, $x_1 = a$ とできるので，(0.5) 式の右辺が得られる．この式変形から，「積分区間の**内部で関数値が打ち消し合い**，端点での値だけが出てくる」ことが理解できる．これの 2 次元版を後で扱うことになる．なお，公式 (0.5) は $\int_a^b df = f(b) - f(a)$ と覚えておくとよいが，f に微分可能性を要請していることを忘れないようにしよう．

問題 0.2 次の積分を計算せよ．
（1）$\int_1^2 \frac{2x}{x^2+1} dx$ （2）$\int_0^{\frac{\pi}{4}} \tan x\, dx$ （3）$\int_{-\infty}^{\infty} \frac{1}{x^2+1} dx$

0.1.3 テイラー展開

ある現象が関数 $f(x) = \sin x \cdot (e^{2x}-1)/x$ でモデル化されているとする．この関数は，詳細な解析をするには少々複雑である．しかしいま，x はごく小さい値しかとらないことがわかっているとする．このとき，実は，$f(x)$ はほぼ 1 次関数 $\tilde{f}(x) = 2x$ と一致するのである．つまり，この現象はだいたい比例係数 2 で変動する．x が小さい範囲においては，これこそが本質的な情報であり，そして $f(x)$ は，それよりはるかに簡単な関数 $\tilde{f}(x)$ でおきかえてもよいことになる．

一般に，N 回微分可能な関数 $f(x)$ を

$$f(x) = \sum_{n=0}^{N} a_n (x-b)^n + \alpha(x), \quad a_n = \left. \frac{f^{(n)}(x)}{n!} \right|_{x=b} \quad (0.6)$$

のように多項式関数を用いて表したものを，$f(x)$ の**テイラー展開**という．ここで b は注目している点，$\alpha(x)$ は $f(x)$ と多項式関数の誤差を表す．また，$f^{(n)}(x)$ は $f(x)$ の n 階微分を表す．重要な点は，「$f(x)$ の本質的な情

報が数列 $\{a_n\}$ で特徴づけられる」ということである.

テイラー展開は, 必要なだけの次数の多項式を用いて, **元の関数を近似する**ことに利用できる. 例えば, x が b 付近で微小変動するだけなら, $(x-b)^2, (x-b)^3, \cdots$ などの高次の微小量は無視でき, 関数は 1 次関数 $\tilde{f}(x) = a_0 + a_1(x-b)$ で良く近似できる. この場合は, ただ 2 つの実数 a_0, a_1 が必要な情報である. これで不十分なら, a_2 を導入して 2 次関数で近似すればよい.

さらに, $f(x)$ が性質の良い関数であれば

$$f(x) = \sum_{n=0}^{\infty} a_n (x-b)^n \tag{0.7}$$

のように, すべての x で級数が収束し, 誤差ゼロで関数をテイラー展開で表せる. そのような関数のうち, 特に有名なものを下に挙げておく.

$$e^x = \sum_{n=0}^{\infty} \frac{1}{n!} x^n = 1 + x + \frac{x^2}{2!} + \frac{x^3}{3!} + \frac{x^4}{4!} + \cdots \tag{0.8}$$

$$\sin x = \sum_{n=0}^{\infty} \frac{(-1)^n}{(2n+1)!} x^{2n+1} = x - \frac{x^3}{3!} + \frac{x^5}{5!} - \frac{x^7}{7!} + \cdots \tag{0.9}$$

$$\cos x = \sum_{n=0}^{\infty} \frac{(-1)^n}{(2n)!} x^{2n} = 1 - \frac{x^2}{2!} + \frac{x^4}{4!} - \frac{x^6}{6!} + \cdots \tag{0.10}$$

x がごく小さい範囲では, 上の関数 e^x, $\sin x$, $\cos x$ はそれぞれ $1+x$, x, $1 - x^2/2$ でおきかえてよいことがわかる. 図 0.3 は, これらの関数とその近似関数を示したものである.

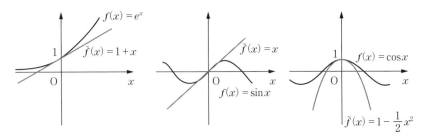

図 0.3

問題 0.3 関数 $f(x) = \sin x \cdot (e^{2x} - 1)/x$ について，$x = 0$ における 3 次までのテイラー展開が $\tilde{f}(x) = 2x + 2x^2 + x^3$ で与えられることを示せ．また，可能なら $f(x)$ と $\tilde{f}(x)$ を数値計算ソフトで描き，近似の精度を評価せよ．

0.2 実 2 変数関数の微分

後でみるとおり，**1 つの複素数変数は 2 つの独立な実変数の組と本質的に等価である**．ゆえに，複素関数は 2 つの実変数で指定されるので，その微積分は実 2 変数関数の微積分と深く結び付く．本節では，まず微分について復習しよう．

0.2.1 偏微分

2 つの実変数 x, y で指定される実数値関数 $f(x, y)$ を考える．1 変数の場合と同様，我々は，変数 x, y が少し変化したときに f がどの程度変化するかに興味がある．ここでのポイントは，「変化させる量が 2 つある」ということである．x または y の**片方だけが動く**場合と x, y の**両方が動く**場合とでは，当然，$f(x, y)$ の変化量は一般には異なる．偏微分とは，前者の場合における f の微小変化の係数である．ここでは，特に x を動かす場合を考えよう．

注目点 (x_0, y_0) の周りで変数を $x_0 + \Delta x$ のように少しだけ動かすとき，関数が $\Delta_x f = f(x_0 + \Delta x, y_0) - f(x_0, y_0)$ だけ動いたとする．これらを $\Delta_x f = K(x_0, y_0) \Delta x$ と関係づける．このとき，$\Delta x \to 0$ の極限で係数 $K(x_0, y_0)$ が Δx によらずに一意に決まるとき，それを f の x に関する**偏微分係数**とよび，1 変数のときと同じく次式で計算できる．

$$K(x_0, y_0) = \frac{\partial f(x, y)}{\partial x}\bigg|_{(x_0, y_0)} = \lim_{\Delta x \to 0} \frac{f(x_0 + \Delta x, y_0) - f(x_0, y_0)}{\Delta x}$$

要するに，y を定数 y_0 に固定したときの 1 変数関数 $f(x, y_0)$ の微分である．

特に注目点 (x_0, y_0) を明示する必要がないときは，$\Delta_x f = K(x,y)\Delta x$ から

$$f(x+\Delta x, y) = f(x,y) + \frac{\partial f(x,y)}{\partial x}\Delta x \qquad (0.11)$$

を得る．なお，y を少し変化させる場合も同様であり，次式が成り立つ．

$$f(x, y+\Delta y) = f(x,y) + \frac{\partial f(x,y)}{\partial y}\Delta y \qquad (0.12)$$

0.2.2 全微分

次に，x, y の両方を少しだけ変化させたときの f の微小変化を調べよう．このときは当然，Δf は $\Delta x, \Delta y$ の両方の影響を受ける．この量は，図 0.4 で示すとおり，まず x を Δx だけ変化させて，次いで y を Δy だけ変化させたときの f の最終的な変動分として計算できるだろう．つまり，(0.11) 式に $y+\Delta y$ を代入すればよい．これは，(0.12) 式から

$$f(x+\Delta x, y+\Delta y) = f(x, y+\Delta y) + \frac{\partial f(x, y+\Delta y)}{\partial x}\Delta x$$

$$= f(x,y) + \frac{\partial f(x,y)}{\partial y}\Delta y + \left\{\frac{\partial f(x,y)}{\partial x} + \frac{\partial}{\partial y}\left(\frac{\partial f(x,y)}{\partial x}\right)\Delta y\right\}\Delta x$$

となる．ここで $\Delta x\,\Delta y$ は微小量同士の積なので無視すると，結局，

$$f(x+\Delta x, y+\Delta y) = f(x,y) + \frac{\partial f(x,y)}{\partial x}\Delta x + \frac{\partial f(x,y)}{\partial y}\Delta y$$

$$(0.13)$$

を得る．あるいは，この式を

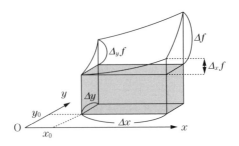

図 0.4

$$\Delta f = \frac{\partial f(x,y)}{\partial x} \Delta x + \frac{\partial f(x,y)}{\partial y} \Delta y \tag{0.14}$$

と表す．ここで，単に Δf と書いたとき，それは $f(x+\Delta x, y+\Delta y) - f(x,y)$ のように2つの変数の両方を変化させたときの関数値の変化を表す（このため，前項では Δ_x などという記号を導入して，これとは区別した）．

そして，さらなる慣習で，微小量を表す記号 Δ を，それを無限小へもっていくという前提のもとで d という記号でおきかえると，上式は

$$df = \frac{\partial f(x,y)}{\partial x} dx + \frac{\partial f(x,y)}{\partial y} dy \tag{0.15}$$

と表される．(0.14) 式または (0.15) 式は，関数 $f(x,y)$ の**全微分**とよばれる．

なお，

$$\left.\frac{\partial f(x,y)}{\partial x}\right|_{x_0,y_0} = 0, \qquad \left.\frac{\partial f(x,y)}{\partial y}\right|_{x_0,y_0} = 0$$

が成り立つ点 (x_0, y_0) を**停留点**とよぶ．このとき (0.14) 式から $\Delta f|_{x_0,y_0} = 0$ となるので，停留点 (x_0, y_0) からの変数の1次の微小変化 Δx, Δy に対しては関数値は変化しないことがわかる．

0.2.3　方向微分

2変数関数においては，1変数関数の場合で考えたような素朴な意味での微分を定義することができない．これは当然で，**変数 x, y を変化させる方向によって，関数が変化する度合いが異なる**からである．実際，偏微分 $\partial f/\partial x$ はベクトル $(1,0)$ 方向の関数の微分係数を，$\partial f/\partial y$ は $(0,1)$ 方向の関数の微分係数を表す．さらに，全微分 (0.14) 式は $(\Delta x, \Delta y)$ 方向へ変数を微小変化させたときの関数値の微小変化 Δf を表すのであった．図 0.5 は，一例として関数 $f(x,y) = x^2 + y^2$ の場合の点 $(2,0)$ における微分を示したものである．図からわかるとおり，$(1,0)$ 方向への微分係数は 4 である一方で，$(0,1)$ 方向への微分係数はゼロである．

ゆえに，2変数関数の場合で単に"微分"を考えたいなら，それは変数を

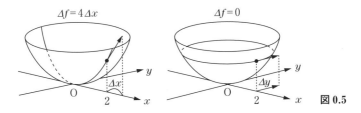

図 0.5

変化させる方向を指定した**方向微分**ということになる．いま，ベクトル $\bm{v} = (v_1, v_2)$ 方向へ変数を Δt だけ微小変化させるとしよう．つまり，変数を $(x, y) \to (x + v_1 \Delta t, y + v_2 \Delta t)$ と変化させる．すると，関数値の微小変化は，(0.14) 式において $\Delta x = v_1 \Delta t$, $\Delta y = v_2 \Delta t$ を代入することで

$$\Delta f = v_1 \frac{\partial f(x, y)}{\partial x} \Delta t + v_2 \frac{\partial f(x, y)}{\partial y} \Delta t \tag{0.16}$$

となる．これより，関数の $\bm{v}$ 方向への方向微分が次式で定義できる．

$$\left.\frac{df}{dt}\right|_{v} = \lim_{\Delta t \to 0} \frac{\Delta f}{\Delta t} = v_1 \frac{\partial f(x, y)}{\partial x} + v_2 \frac{\partial f(x, y)}{\partial y} \tag{0.17}$$

当然，一般にはこの値は方向 $\bm{v}$ に依存し，注目点 (x, y) の周りで一様ではない．

さて，複素関数は実 2 変数関数の組で表せる．ゆえに，上で見たとおり，注目点の周りで微分係数が一様になったりはしない，と予想される．しかし，後でわかるように，この予想は覆されるのである．

=== 〈例題 0.1〉 ===
関数 $f(x, y)$ の値が最も増加する方向 $\bm{v} = (v_1, v_2)$ を求めよ．

〈解〉 次のベクトルに注目しよう．

$$\bm{g} = \left(\frac{\partial f(x, y)}{\partial x}, \frac{\partial f(x, y)}{\partial y}\right) \tag{0.18}$$

すると，関数値の微小変化 (0.16) は，ベクトル $\bm{v}$ と $\bm{g}$ の内積 $\langle \bm{v}, \bm{g} \rangle$ を用いて $\Delta f = \langle \bm{v}, \bm{g} \rangle \Delta t$ と表せる．いま $\langle \bm{v}, \bm{g} \rangle$ を最大にする $\bm{v}$ は，$\bm{g}$ と同じ向きをもつもので与えられる（$\bm{v}$ の大きさは特に指定していないことに注意）．また $\Delta t > 0$ としてよいので，結局，Δf を最大にする方向は $\bm{v} = \bm{g}$ で与えられる．このような $\bm{g}$ を，関

数 $f(x,y)$ の**勾配ベクトル**とよぶ．　　　　　　　　　　　　　　　　◆

0.3 実 2 変数関数の積分
0.3.1 線積分

2 変数関数については，1 変数の場合の (0.4) 式と異なり，始点と終点を定めても，その積分を定義することができない．これは，始点から終点に至る経路を様々にとることができるからである．そこで，**始点と終点に加え，それらを結ぶ経路まで指定して積分を定義する**．これが**線積分**である．複素関数は 2 つの実変数で指定されるので事情は同じであり，つまり，複素積分といえば，通常[3]，それは線積分を意味する．

線積分の定義は次のとおりである．
まず，図 0.6 で示すように，始点 P $= (x_P, y_P)$ および終点 Q $= (x_Q, y_Q)$ を結ぶ経路 C が**与えられる**．ここで，C には**向きがある**ことに注意する．線積分では，一般には 2 つの 2 変数関数 $f(x,y)$, $g(x,y)$ を考えることになり，これらの C に沿う線積分は次式で定義される．

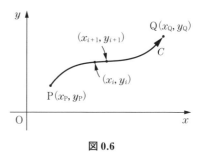

図 0.6

$$\int_C \{f(x,y)\,dx + g(x,y)\,dy\} = \lim_{\Delta l \to 0} \sum_{i=1}^{N} \{f(x_i, y_i)\,\Delta x_i + g(x_i, y_i)\,\Delta y_i\} \tag{0.19}$$

ここで (x_i, y_i) は経路 C 上の点で，$\Delta x_i = x_{i+1} - x_i$, $\Delta y_i = y_{i+1} - y_i$ である．Δl は $\sqrt{\Delta x_i^2 + \Delta y_i^2}$ の上限であり，$\Delta l \to 0$ とは，要するに C 上の点を無限に

---

[3] 複素関数について面積分を定義することもできるし，それが重要な意味をもつ問題も実際に存在する．しかし，複素面積分については，線積分の場合と異なり強力な一般定理が存在しないため，特段の理論体系は構築されていないと思われる．

多くとる,という極限を表す.

次に具体的な計算法を示そう.まず,経路 C 上を動く点を $(x(t), y(t))$ のようにパラメータ t を用いて表すことができたとする[4].このパラメータは"時刻"を表すものと理解しておくとよい.パラメータの初期値を t_P,最終値を t_Q とすると,経路の始点と終点はそれぞれ $P = (x_P, y_P) = (x(t_P), y(t_P))$, $Q = (x_Q, y_Q) = (x(t_Q), y(t_Q))$ と表せる.さらに,$x(t)$ の微小変化は各 t において $\Delta x = (dx(t)/dt)\Delta t$ で与えられ,同様に,$y(t)$ の微小変化は $\Delta y = (dy(t)/dt)\Delta t$ となる.したがって,上の線積分の定義式 (0.19) は,

$$\int_C \{f(x, y)\, dx + g(x, y)\, dy\}$$
$$= \int_{t_P}^{t_Q} \left\{ f(x(t), y(t)) \frac{dx(t)}{dt} + g(x(t), y(t)) \frac{dy(t)}{dt} \right\} dt$$

と表せる.これは,t を変数とする1変数積分である.

具体例の前に,少し準備をしておこう.一般に,積分経路は滑らかに繋がっている必要はなく,図 0.7 に示すように,C_1 と C_2 を結合した経路 C を考えても構わない.実際,C 上の動点が,C_1 上では $(x_1(t), y_1(t))$, $t_P \leq t \leq t_R$ と変化し,C_2 上では $(x_2(t), y_2(t))$, $t_R \leq t \leq t_Q$ と変化する,と考えればよい.このような**結合経路**を $C = C_1 C_2$ と表すと,次式が成り立つ(ここでは,dx のみの場合を考える).

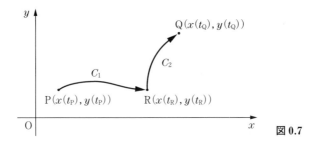

図 0.7

---

4) 後の例題 0.2 で述べるとおり,このような動点の表し方は一意ではないが,その選び方は積分値に影響しない.

0.3 実2変数関数の積分

$$\int_{C_1 C_2} f\,dx = \int_C f\,dx = \int_{t_P}^{t_Q} f \frac{dx}{dt}\,dt$$

$$= \int_{t_P}^{t_R} f \frac{dx_1}{dt}\,dt + \int_{t_R}^{t_Q} f \frac{dx_2}{dt}\,dt$$

$$= \int_{C_1} f\,dx + \int_{C_2} f\,dx$$

つまり，**結合経路での積分は，各経路での積分の和**で計算できる．もちろん，一般の場合の結合経路 $C = C_1 C_2 \cdots C_m$ については

$$\int_{C_1 C_2 \cdots C_m} (f\,dx + g\,dy) = \sum_{k=1}^{m} \int_{C_k} (f\,dx + g\,dy) \tag{0.20}$$

が成り立つ．この公式は複素関数の線積分についても同様に成り立つ．

=== 〈例題 0.2〉

関数 $f(x,y) = x^2 + y^2$ の線積分 $\int_C f(x,y)\,dx$ を計算せよ．ただし，経路 C は次のものとする（図 0.8）．

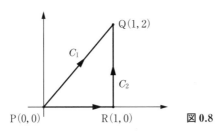

図 0.8

（1） 始点 $P = (0,0)$ と終点 $Q = (1,2)$ を直線で結ぶ経路 C_1．

（2） 始点 $P = (0,0)$ を出発して $R = (1,0)$ を経由し，終点 $Q = (1,2)$ に至る経路 C_2．

〈解〉（1） 経路 C_1 上を移動する点を $x(t) = t$, $y(t) = 2t$ と表すと，パラメータ t は $t_P = 0$ から $t_Q = 1$ まで変化する[5]．すると $dx(t)/dt = 1$ より，

5） 例えば，パラメータ表示を $x(t) = \sin t$, $y(t) = 2\sin t$ ($t_P = 0, t_Q = \pi/2$) として計算しても結果は同じ．

$$\int_{C_1} f(x,y)\, dx = \int_0^1 (t^2 + 4t^2)\cdot 1\, dt = \frac{5}{3}$$

となる．

（2） PからRへ至る直線経路を C_2'，そしてRからQへ至る直線経路を C_2'' とする．すると，それぞれの経路上を移動する動点は以下のようにパラメータ表示できる[6]．

$$C_2' : x(t) = t,\ y(t) = 0 \quad (t : 0 \to 1)$$
$$C_2'' : x(t) = 1,\ y(t) = t \quad (t : 0 \to 2)$$

ゆえに，いま $C_2 = C_2'C_2''$ であるから，公式 (0.20) により

$$\int_{C_2} f\, dx = \int_{C_2'} f\, dx + \int_{C_2''} f\, dx$$
$$= \int_0^1 (t^2 + 0)\cdot 1\, dt + \int_0^2 (1^2 + t^2)\cdot 0\, dt$$
$$= \frac{1}{3}$$

となる． ◆

このように，**一般に線積分は経路に依存する**[7]．それでは，経路に依存せずに積分値が決まってしまうような場合があるだろうか．実は，この問いは複素関数論全般において非常に重要な意味をもってくる．ともあれ，ここではあっさりと回答を与えてしまおう．

いま，我々は線積分 (0.19) を考察している．この被積分関数をにらむと，

6） t を時刻とみるならば，C_2'' の y 座標は $y(t) = t - 1\ (t : 1 \to 3)$ とした方がしっくりくるが，C_2' から C_2'' へ経路を変化させる際に時計の時刻をゼロにリセットしたと思えばよい．

7） 微小量 $f\, dx$ を経路に沿って足し合わせていくと，その値は経路に依存する，というわけである．このような，経路によって積分値が変化するような微小量を $d'F = f\, dx$ などと表すことがある．微小量でも，これを $dF = f\, dx$ のように"微分" dF を使って表してはいけない．こう書くと，これは積分値が経路に依存しない量という意味をもつことになってしまう．このような一風変わった表現法は，熱力学の分野でよく使われる．例えば熱力学第1法則は，内部エネルギー U，系になされた仕事 W，系に流入した熱量 Q の間にエネルギー保存則 $dU = d'Q + d'W$ が成り立つことを述べている．$\int_C d'Q$, $\int_C d'W$ は一般には経路（操作）に依存するが，$\int_C dU$ は経路に依存しない．

全微分 (0.15) と似た形をしていることがわかる．特に，$f(x,y)$，$g(x,y)$ がある関数 $\phi(x,y)$ を用いて

$$f = \frac{\partial \phi}{\partial x}, \quad g = \frac{\partial \phi}{\partial y} \tag{0.21}$$

と表されているなら，それらは全く同じ形になり，被積分関数は $d\phi$ と表せる．これは重要な帰結である．実際，このとき線積分は

$$\int_C \{f(x,y)dx + g(x,y)dy\} = \int_C d\phi(x,y) = \lim_{\Delta l \to 0} \sum_{i=1}^{N} \Delta\phi(x_i, y_i)$$
$$= \lim_{\Delta l \to 0} \sum_{i=1}^{N} \{\phi(x_i, y_i) - \phi(x_{i-1}, y_{i-1})\}$$
$$= \phi(x_N, y_N) - \phi(x_0, y_0)$$

と計算され，始点 $P = (x_0, y_0)$ および終点 $Q = (x_N, y_N)$ だけで決まってしまう．つまりこの場合，**線積分の値が経路に依存しない**．例題 0.2 でみたとおり，一般には線積分は経路に依存するのであるが，被積分関数が条件 (0.21) を満たすときは経路の依存性が消えるのである．なお，この条件は，(f, g) が ϕ の勾配ベクトルであることに他ならない（(0.18) 式をみよ）．

問題 0.4 線積分 $\int_C (x\,dx + y\,dy)$ を，動点をパラメータ表示して計算せよ．ただし，経路 C は例題 0.2 で与えられている C_1，C_2 とする．次に，$\phi(x,y) = (x^2 + y^2)/2$ の $P = (0,0)$ から $Q = (1,2)$ までの線積分 $\int_C d\phi$ を計算し，上の 2 つの経路に沿った線積分の結果と一致することを確かめよ．

0.3.2 周回積分

線積分において，経路 C が閉じている状況を考えよう．つまり，C の始点 P と終点 Q が一致しているとする．C は途中で交差していてもよい．このような閉じた経路 C に沿った線積分を**周回積分**とよび，これを

$$\oint_C \{f(x,y)\,dx + g(x,y)\,dy\}$$

と表す．この場合でも，経路上の動点が進む向きを与える必要がある．本書では，特に断らない限り，図 0.9 で示す反時計回りに進行する向き（**正の向きとよぶ**）をとることにする．これは，経路上

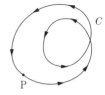

図 0.9

を進行する人の左手が常に閉経路の内側に入っている向き，ということで**左手の向き**とよぶこともある．

0.3.3 面　積　分

前項では，ある経路に沿って"関数値 × 微小線素 dx あるいは dy"を足し上げる線積分を考えた．ここでは，ある領域において"関数値 × 微小面素 $dx\,dy$"を足し上げる**面積分**を復習する．ただし，本書では面積分は次項との関連でのみ登場するだけなので，ごく簡単な説明にとどめておく．

定義は次のとおりである．2 次元実空間 $\mathbb{R}^2$ における領域 D で定義されている 2 変数関数 $f(x,y)$ について，その面積分を次で定義する．

$$\int_D f(x,y)\,dx\,dy = \lim_{\Delta \to 0} \sum_{i,j} f(x_i, y_j)\,\Delta x_i\,\Delta y_j \qquad ((x_i, y_j) \text{ は領域 } D \text{ 内の点})$$

Δx_i と Δy_j は，各点 (x_i, y_j) で貼り付けられている長方形の横と縦の長さを表す．それぞれの長方形は重複しないようにとる．そして $\Delta \to 0$ は，これらの長方形を無限に小さくしていき，領域 D を覆い尽くす極限を表す．もし $f(x,y) = 1$ であるなら，上の面積分は領域 D の面積そのものを表す．

=== 〈例題 0.3〉 ===

$f(x,y) = e^{-x^2-y^2}$ の面積分を計算せよ．ただし，領域は $\mathbb{R}^2$ 全域とする．

〈解〉　$x = r\cos\theta$，$y = r\sin\theta$ と変数変換すると，微小面素の面積は $\Delta x\,\Delta y$ から $\Delta r \times r\Delta\theta = r\Delta r\Delta\theta$ に変化する．他方，変数の変動範囲は $r : 0 \to \infty$，$\theta : 0 \to 2\pi$ である．ゆえに，

$$\int_D e^{-x^2-y^2} dx\,dy = \int_0^{2\pi} \int_0^\infty e^{-r^2} r\,dr\,d\theta = \int_0^{2\pi} d\theta \int_0^\infty e^{-r^2} r\,dr = \pi$$

となる. ◆

0.3.4 グリーンの公式

この Chapter の最後を，線積分と面積分を結び付ける**グリーンの公式**で締めくくる．この公式は，後にコーシーの積分定理を証明する際に用いられる．

公式は次のとおりである．実 2 変数関数 $f(x,y)$, $g(x,y)$ に対して，もしそれらが閉経路 C を境界とする閉領域 D 内で微分可能なら，次式が成り立つ．

$$\oint_C (f\,dx + g\,dy) = \int_D \left(-\frac{\partial f}{\partial y} + \frac{\partial g}{\partial x}\right) dx\,dy \tag{0.22}$$

なお，一般に境界を含む領域を**閉領域**，境界を含まない領域を**開領域**とよぶ．

略証を以下で示す．簡単のため，f に関する項のみを扱う（g の項についての証明法は全く同じ）．まず，C が図 0.10 で示す長方形の場合について考えよう．各経路上での動点 $(x(t), y(t))$ を以下のようにパラメータ表示する．

$$C_1 : x(t) = t,\ y(t) = c \quad (t : a \to b)$$
$$C_2 : x(t) = b,\ y(t) = t \quad (t : c \to d)$$
$$C_3 : x(t) = t,\ y(t) = d \quad (t : b \to a)$$
$$C_4 : x(t) = a,\ y(t) = t \quad (t : d \to c)$$

経路 C_1 に沿う線積分は

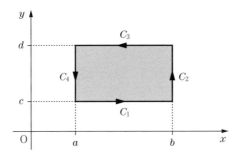

図 0.10

$$\int_{C_1} f(x,y)\,dx = \int_a^b f(x(t),y(t))\frac{dx(t)}{dt}dt = \int_a^b f(t,c)\,dt$$

となる．他の経路についても同様の計算を行えば，直ちに，C_2, C_4 についての積分がゼロであることがわかる．したがって，

$$\oint_C f\,dx = \int_{C_1} f\,dx + \int_{C_3} f\,dx = \int_a^b f(t,c)\,dt + \int_b^a f(t,d)\,dt$$

$$= \int_a^b \{f(t,c) - f(t,d)\}dt = -\int_a^b \left\{\int_c^d \frac{\partial f(t,s)}{\partial s}ds\right\}dt$$

と計算でき，ここで改めて t, s を x, y と表示すれば，

$$\oint_C f\,dx = -\int_a^b \int_c^d \frac{\partial f(x,y)}{\partial y}dx\,dy = -\int_D \frac{\partial f(x,y)}{\partial y}dx\,dy$$

のように，目的の式が得られる．

一般の閉経路 C の場合の証明法は，次のように直観的に理解できる．まず，D を図 0.11 で示すように細かい長方形で埋め尽くす．すると，D 上の面積分は，これらの長方形上の面積分の総和で与えられる．これはさらに，上で導いた長方形に対するグリーンの公式から，長方形上の線積分の総和に等値

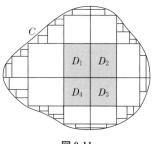

図 0.11

できる．すると，隣り合う長方形が共有する辺における線積分は，それらの積分方向が逆向きであるために打ち消し合い，ゼロになる．この打ち消し合いが D 内のすべての長方形のペアについて起こり，結局，D の外周，つまり C における線積分のみが打ち消し合わずに残る．これは，(0.5) 式で示した「1 次元区間内での関数値の打ち消し合い」の 2 次元版である．

あえて数式で書けば，N 個の長方形を用意して $N \to \infty$ とすれば D を埋め尽くすことができると考えられるので，

$$-\int_D \frac{\partial f}{\partial y}dx\,dy = -\lim_{N\to\infty}\sum_{k=1}^N \int_{D_k}\frac{\partial f}{\partial y}dx\,dy = \lim_{N\to\infty}\sum_{k=1}^N \oint_{C_k} f\,dx = \oint_C f\,dx$$

となる．ここで D_k, C_k は k 番目の長方形およびその外周を表す．また，第2式から3式への変形で，長方形に対するグリーンの公式を用いた．これで，一般の場合のグリーンの公式 (0.22) が証明されたことになる．

演習問題

0.1 実 xy 平面上に円弧 $x^2 + y^2 = 1$ ($y \geq 0$) をとり，$(1,0)$ を始点，$(-1,0)$ を終点とする経路 C を考える．このとき，次の線積分を計算せよ．

(1) $\int_C dx$, $\int_C dy$ (2) $\int_C x\,dx$, $\int_C x\,dy$

0.2 全微分 (0.14) は，変数の微小変化 Δx, Δy に対する関数の1次の微小応答を表す量であった．まず，2次の微小変化を無視せずに関数の応答を書くと，次式が得られることを確認せよ．

$$\Delta f = \frac{\partial f(x,y)}{\partial x}\Delta x + \frac{\partial f(x,y)}{\partial y}\Delta y + \frac{1}{2}(\Delta x, \Delta y)\begin{pmatrix} \dfrac{\partial^2 f}{\partial x^2} & \dfrac{\partial^2 f}{\partial x\,\partial y} \\ \dfrac{\partial^2 f}{\partial x\,\partial y} & \dfrac{\partial^2 f}{\partial y^2} \end{pmatrix}\begin{pmatrix} \Delta x \\ \Delta y \end{pmatrix}$$
(0.23)

この式に現れる行列を**ヘッセ行列**とよぶ．

次に，ヘッセ行列を利用して，停留点（$\partial f/\partial x = 0$, $\partial f/\partial y = 0$ を満たす点）付近の関数の振る舞いを調べよ．つまり，変数の2次の微小量に対して，関数が必ず増加するか，必ず減少するか，あるいはどちらも起こりうるか，それを判定する基準を定めよ．

0.3 関数 $z = f(x,y) = x^2 - y^2$ および $z = g(x,y) = 2xy$ の xyz 空間における形状を明らかにせよ．特に，演習問題 0.2 で与えたヘッセ行列を用いて，停留点における関数の増減を調べよ．

Chapter 1
複素数とは何か

「2乗すると -1 になる」数を考えると何が起こるだろうか.「2乗して -1 になることはありえない,だからそんな数を調べても時間の無駄だ」というのが普通の感覚である.しかし,アタマを柔らかくして,ともあれ考えてみよう.数学の強みはここにある.考えることは自由である.実際,このシンプルで荒唐無稽にみえる問いのドアを開けてみると,驚異の世界が開けているのである.この Chapter は,ドアを開けて第一歩を踏み出し,そこに確かに地面があることを実感するまでの内容を扱っている.

複素数の世界へようこそ!

❦ Chapter 1 のストーリー ❦

1.1節 最初に,"数"としての複素数の取り扱い方を学ぶ.意味付けは後回しにして,まずは形式的にルールを押さえておこう.

1.2節 ルールの次は,やはり直観に訴える複素数の理解の仕方が必要である.そのための舞台が"複素平面"である.本節では,複素数に関する四則演算が,複素平面上で図形的に極めて印象的な形で捉えられることを示す.方程式を解くという代数の問題にさえ,図形的アプローチが可能となる.また,この話題に関連して"方程式を解くこと"の意味を検討する.

1.3節 まえがきで示したオイラーの等式 $e^{i\pi} = -1$ の一般化である"オイラーの公式"について述べる.これは,複素数の計算を容易にし,かつそれらにクリアな図形的見方を与え,さらに種々の関数たちを統合するための,複素関数論(というよりサイエンス)における最重要の成果の1つである.本節の最後で $e^{i\pi} = -1$ の図形的意味が明らかになるが,この頃には,読者は $i^2 = -1$ を満たす不思議な"数" i についての違和感を払拭できているだろう.

1.1 複素数の形式的な取り扱い方

1.1.1 定義，計算法，約束事

複素数（complex number）とは
$$i^2 = -1 \tag{1.1}$$
なる規則を満たす**虚数単位**（imaginary unit）i と普通の実数を組み合わせてつくった"数"である．つまり，例えば $3i$, $1+2i$, $-\sqrt{5}i$ のように
$$z = x + iy \quad (x, y は実数) \tag{1.2}$$
なる形式をもった数のことである．特に，$x=0$ つまり $z=iy$ の形のものを**純虚数**とよぶ．また，$y=0$ のとき，つまり $z=x$ のとき z は実数となるため，複素数は実数を表すこともできる．

複素数は，上記のような単純な組み合わせでつくられる数だけでなく，
$$\frac{1}{1+i}, \quad \cos(2+i), \quad 5^{2-10i} \tag{1.3}$$
のように，実関数に i が紛れ込んだものたちすべてを含む．これらは一見そうはみえないが，後で示すように，やはり (1.2) 式の形に変形できる．これらの複素数たち全体をまとめて，$\mathbb{C}$ と表す．上述のとおり，複素数は実数を表現することができるので，当然，実数の集合 $\mathbb{R}$ は $\mathbb{C}$ に含まれる（$\mathbb{R} \subset \mathbb{C}$）．

さて，複素数は (1.1) 式のような変則的な規則を満たすこと以外は，"普通"の数であると思って計算しても差し支えない．つまり，**+, −, ×, ÷ の四則演算は実数の場合と同様に行ってよい**．

=== 〈例題 1.1〉 ===

次の複素数を計算し，(1.2) 式の形に変形せよ．

（1） $(1+i)(2-3i)$ （2） $\dfrac{1}{i}$ （3） $\dfrac{1}{1+i}$

〈解〉（1） $(1+i)(2-3i) = 2 - 3i + 2i - 3i^2 = 2 - i + 3 = 5 - i$.

（2） $\dfrac{1}{i} = \dfrac{1 \times (-i)}{i \times (-i)} = \dfrac{-i}{-i^2} = \dfrac{-i}{1} = -i$.

(3) $\dfrac{1}{1+i} = \dfrac{1-i}{(1+i)(1-i)} = \dfrac{1-i}{1-i+i-i^2} = \dfrac{1-i}{1-(-1)} = \dfrac{1}{2} - \dfrac{1}{2}i.$

このように，分数型の複素数であっても，結局 (1.2) 式の形で表せることがわかる．なお，ゼロで割ってはいけないところも実数の場合と同じである．(1.3) 式で示した $\cos(2+i)$ と 5^{2-10i} などの場合の計算法は Chapter 2 まで待たないといけないが，とにかく，あらゆる複素数は (1.2) 式の形で表せる． ◆

以上のことを定理の形でまとめておこう．

定理 1.1

複素数は，実数 x, y を用いて常に $x + iy$ の形で表せる．

問題 1.1 次の複素数の計算を行い，(1.2) 式の形に表せることを示せ．

(1) $(1+i)(2+i)(3+i)$ (2) $\dfrac{2-i}{3+i}$ (3) $(\sqrt{2}-i)^3$

問題 1.2 2つの複素数 $z_1 = x_1 + iy_1$, $z_2 = x_2 + iy_2$ について四則演算 $z_1 + z_2$, $z_1 - z_2$, $z_1 z_2$, z_1/z_2 を計算し，これらがすべて複素数であることを確認せよ[1]．(つまり，これらがすべて (1.2) 式の形で表せることを示せばよい．)

ここで注意をしておく．それは，**複素数は，我々が認識できる現実世界に存在する数ではない**という事実である[2]．特に，**複素数は"数量"を表すことに使えない**．数量とは，3 kg の荷物であるとか，30 冊の本であるとか，ありていにいえば"単位"が付くものである．そういったものは，必ず"比較"ができる．比較ができることが数量であることの最低条件であり，実数は常に数量を表すことに使える．マイナスの数であっても，例えば -3 分と

---

1) これは，複素数の集合 $\mathbb{C}$ が四則演算で"閉じている"ことを意味する．
2) しかし逆にいうと，「我々が認識できない世界においては，複素数が実在する」と主張できそうである．個人的には，実際，そうであると思う．どういう世界かというと，それは，ミクロの世界を記述する"量子力学"の世界である．複素数なしでは量子の世界で起こる現象を説明することはできない．量子力学の諸現象は実験的に確認されており，この意味で，「複素数の実在は実験的に検証されている」といえないだろうか．

−2分では後者の方が現時刻に近い．つまり，実数は数直線上で指定ができるので，2つの実数のどちらが右にあるのか，などの比較が常に可能である．しかし，複素数ではこのような比較ができないのである．

例えば，
$$1 < 2i \tag{1.4}$$
なる不等式を仮定してみよう．これは，$0 < 1 < 2i$ より $0 < i$ を導く．したがって，(1.4) 式の両辺に i を掛けても符号は変わらず，$i < -2$ を得る．しかし，これより $1 < 2i < -4$，つまり $5 < 0$ が成立してしまい，結局，(1.4) 式が間違っていたことがわかる．

このように，複素数は数量を表すことができず，不等式が考えられなくなる．他にも，実数の場合では当然のように成り立っていた命題が，複素数の場合では成り立たなくなることがある．すなわち，計算つまり四則演算については複素数と実数は同じことができるが，"ロジック"についてはそうではなくなるのである．

問題 1.3 次の各命題を証明せよ．

（1） 実数 x_1, x_2 について，「$x_1^2 + x_2^2 = 0 \Leftrightarrow x_1 = x_2 = 0$」が成り立つ．

（2） 複素数 z_1, z_2 について，「$z_1^2 + z_2^2 = 0 \Leftarrow z_1 = z_2 = 0$」が成り立ち，逆は成り立たない．

1.1.2 いくつかの定義と性質

定義 1.1

複素数 $z = x + iy$ について，次を定義する．

(a) 実部：$\mathrm{Re}(z) = x$, 虚部：$\mathrm{Im}(z) = y$

(b) 絶対値：$|z| = \sqrt{x^2 + y^2}$

(c) 複素共役：$\bar{z} = x - iy$

これらの定義の意味は以下のとおりである．まず，前述したとおり，複素

数というのは我々が認識できる世界に存在する数ではないので、それが我々の世界に現れる、あるいは利用されるとき、実数に変換された形で取り出されることになる。その取り出し方にはいくつかの形式があるが、その典型が (a) と (b) である[3]。実部、虚部、絶対値のいずれも実数であることに注意しよう。特に、絶対値は非負の実数となる。

(c) の複素共役は、単に z の"虚部の符号"を変えたものであり、実数ではない。いうなれば、それは数学的に良い性質をもつ z の"相方"である。z の相方として $-z$ を選ぶのも合理的と思われるが、後々わかるとおり、そうではないのである（2.1 節の後半の議論を参照）。また、$\bar{z}$ が物理的に本質的な意味をもつ場合もある[4]。

ここで導入した3つの定義は、今後、本書を通じて使われる。特に、次の例題に挙げる公式を使う機会は多い。

=== 〈例題 1.2〉 ===

次の各命題を証明せよ。
（1）複素数 z とその共役複素数 $\bar{z}$ に対して、$|z| = \sqrt{z\bar{z}}$ が成り立つ。
（2）2つの複素数 z_1, z_2 に対して、$\overline{z_1 z_2} = \bar{z}_1 \cdot \bar{z}_2$ が成り立つ。
（3）2つの複素数 z_1, z_2 に対して、$|z_1 z_2| = |z_1||z_2|$ が成り立つ。

〈解〉（1）$z = x + iy \ (x, y \in \mathbb{R})$ とおくと、
$$z\bar{z} = (x+iy)(x-iy) = x^2 + y^2 = |z|^2$$
となる。

（2）$z_1 = x_1 + iy_1, \ z_2 = x_2 + iy_2$ とおくと、
$$\overline{z_1 z_2} = \overline{(x_1+iy_1)(x_2+iy_2)} = \overline{(x_1 x_2 - y_1 y_2) + i(x_1 y_2 + y_1 x_2)}$$

---

[3] 量子力学の世界の量は、すべて複素数なしでは記述できない代物である。例えば光であれば、その振幅は、本質的に複素数を用いて表される（正確には、"複素ヒルベルト空間上の作用素"）。そして、その振幅の実部と虚部は、いずれも"ホモダイン測定"という方法で検出することができる。また、光の強度は振幅の絶対値に対応し、それはフォトダイオードで検出することができる。

[4] 同じく量子力学の世界では、z に対応するものが光の"消滅"を記述し、$\bar{z}$ に対応するものが光の"生成"を記述する。つまり、光の生成と消滅は共役の関係にある。

$$= (x_1x_2 - y_1y_2) - i(x_1y_2 + y_1x_2)$$

が得られる．他方，

$$\bar{z}_1 \cdot \bar{z}_2 = (x_1 - iy_1)(x_2 - iy_2) = (x_1x_2 - y_1y_2) - i(x_1y_2 + y_1x_2)$$

となる．ゆえに，題意が成り立つ．

（3） 前問で得られた結果から，

$$|z_1z_2|^2 = (z_1z_2)\overline{(z_1z_2)} = z_1 \cdot z_2 \cdot \bar{z}_1 \cdot \bar{z}_2 = (z_1\bar{z}_1)(z_2\bar{z}_2) = |z_1|^2|z_2|^2$$

のように証明できる． ◆

他にも重要な公式がいろいろあるが，それを問題の形で与えておこう．

問題 1.4 次の各命題を証明せよ．
（1） 複素数 $z = x + iy$ について，「$z = 0 \Leftrightarrow x = y = 0$」が成り立つ．
（2） 2つの複素数 z_1, z_2 について，「$z_1z_2 = 0 \Leftrightarrow z_1 = 0$ または $z_2 = 0$」が成り立つ．
（3） 複素数 z とその共役複素数 $\bar{z}$ に対して，$|z| = |\bar{z}|$ が成り立つ．
（4） 2つの複素数 z_1, z_2 に対して，次式が成り立つ．

$$\left|\frac{z_1}{z_2}\right| = \frac{|z_1|}{|z_2|}$$

問題 1.5 次の各命題を証明せよ．
（1） 複素数 z が $|z| \leq 1$ を満たすとき，$z + \bar{z} \leq 2$ が成り立つ．
（2） 2つの複素数 z_1, z_2 に対して，次の**三角不等式**が成り立つ．

$$|z_1 - z_2| \leq |z_1| + |z_2|$$

（3） n 個の複素数 $z_1, z_2, \cdots, z_n$ について，次の不等式が成り立つ．

$$|z_1 + z_2 + \cdots + z_n| \leq |z_1| + |z_2| + \cdots + |z_n|$$

1.2 複素平面

1.2.1 定義と使い方

複素数 $z = x + iy$ は実部 x，虚部 y という2つの実数 x, y で完全に指定される．つまり，z と (x, y) なる実数の組が1対1に対応する．ゆえに，

1つの複素数を表現する舞台として，x, y を座標軸とする平面を考えることは自然であろう．そして実際に，このような平面＝複素平面は複素関数論にとって本質的であり，また明確な利点をもっている．このことは，本書の通読後，はっきり認識できるはずである．まず，定義から与えよう．

> **定義 1.2**
> 複素数 $z = x + iy$ について，x を横軸，y を縦軸とする2次元座標平面を**複素平面**とよぶ．特に，横軸を**実軸**，縦軸を**虚軸**とよぶ．

図 1.1 が複素平面である．これより，1つの複素数 z が複素平面上の1点 (x, y) に対応することがわかる．また明らかに，z を，原点 $(0, 0)$ を始点，(x, y) を終点とする2次元ベクトルとみることもできる．

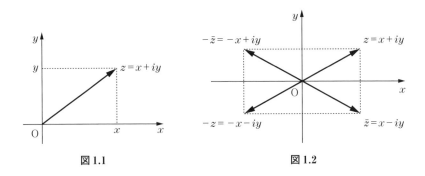

図 1.1　　　　　　　　図 1.2

複素平面を導入することの大きな利点は，「数である複素数に様々な図形的性質を与えることができる」という点にある．まず，簡単なところからみていこう．図 1.2 に示すとおり，以下の関係が成り立つ．

　　複素共役：$\bar{z} = x - iy$　⇔　x 軸に関する折り返し
　　逆符号：$-z = -x - iy$　⇔　原点に関する折り返し
　　複素共役の逆符号：$-\bar{z} = -x + iy$　⇔　y 軸に関する折り返し

また，絶対値 $|z| = \sqrt{x^2 + y^2}$ は**原点と z の間の距離**という明確な図形的意味をもつことになる．さらに，次の例題で示すとおり，足し算と引き算にも

図形的意味がある．

=== 〈例題 1.3〉 ===

2つの複素数 $z_1 = x_1 + iy_1$, $z_2 = x_2 + iy_2$ を考える．

（1） 和 $z_1 + z_2$ および差 $z_1 - z_2$ は，複素平面上でいかなる点に対応するか．このことを基に，問題 1.5 の（2）の三角不等式の図形的意味を答えよ．

（2） 絶対値 $|z_1 - z_2|$ は図形的に何を表すか．

〈解〉（1） 和 $z_1 + z_2$ は，複素平面上の点 $(x_1 + x_2, y_1 + y_2)$ に対応する．これは，図 1.3 に示すとおり，ベクトル (x_1, y_1), (x_2, y_2) を 2 辺とする平行四辺形の対角線ベクトルを表す．同様に，差 $z_1 - z_2$ は，ベクトル (x_1, y_1), $(-x_2, -y_2)$ を 2 辺とする平行四辺形の対角線ベクトルを表す．

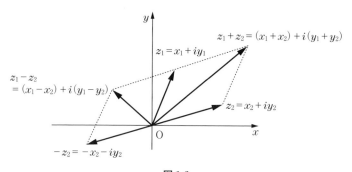

図 1.3

明らかに，差 $z_1 - z_2$ を表す対角線ベクトルは (x_2, y_2) を始点，(x_1, y_1) を終点とするベクトルと同一である．したがって，$z_1, z_2, z_1 - z_2$ に対応するベクトルは三角形の 3 辺を構成するので，三角不等式は，「三角形の 1 辺の長さは他の 2 辺の長さの和よりも短い」ということを意味している．

（2） 定義より $|z_1 - z_2| = \sqrt{(x_1 - x_2)^2 + (y_1 - y_2)^2}$ であり，これは 2 点 (x_1, y_1) と (x_2, y_2) の間の距離を表す．同じことであるが，$z_1 - z_2$ を表すベクトルの長さとみなしてもよい． ◆

〈例題 1.4〉

次の条件を満たす複素数 z の集合は,複素平面上でどのような図形を描くか.

(1) $|z-3|=1$　　(2) $\left|\dfrac{1}{z}-3\right|=1$

(3) $(1+i)z+\overline{(1+i)z}=2$

〈解〉(1) $z=x+iy$ と表すと,条件式は $|(x-3)+iy|^2=1$ と表せるから,定義 1.1 より $(x-3)^2+y^2=1$ となる.ゆえに,z は xy 平面,つまり複素平面上で中心 $(3,0)$,半径 1 の円を描く(図 1.4).

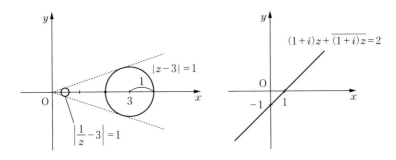

図 1.4

(2) 問題 1.4 の(4)の結果から,条件式は次のように変形できる.

$$\left|\dfrac{1-3z}{z}\right|=\dfrac{|1-3z|}{|z|}=1 \ \Leftrightarrow\ |1-3z|=|z|$$

これは,$z=x+iy$ と表すと $|(1-3x)-3iy|^2=|x+iy|^2$ であるから,定義より $(3x-1)^2+9y^2=x^2+y^2$ となる.これはさらに変形できて,$(x-3/8)^2+y^2=(1/8)^2$ となり,つまり複素平面上の中心 $(3/8,0)$,半径 $1/8$ の円である.

(3) $z=x+iy$ と表すと $(1+i)z=x-y+i(x+y)$ であるから,条件式は $2x-2y=2$ となる.これは,複素平面上で直線 $y=x-1$ を表す.　◆

問題 1.6 次の条件を満たす複素数 z の集合は,複素平面上でどのような図形を描くか.

(1) $|z-2|=|z-i|$　　(2) $2|z-2|=|z-i|$

(3) $2|z-2| \leq |z-i|$

1.2.2 極形式

いま，我々は平面上の1点 (x, y) で1つの複素数 $z = x + iy$ を表すことができている．この平面上の1点を捉える方法として，**極形式**という表示法がある．これは，図1.5で示すように，直交座標系上の目盛 (x, y) の代わりに，x 軸の正の方向を基準とす

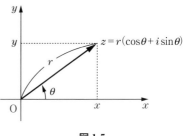

図1.5

る[5]角度，すなわち**偏角** θ，および原点からの**距離** r でこの点を捉えるというものである．図から明らかなように，(x, y) と (r, θ) は次の関係で結ばれる[6]．

$$x = r\cos\theta, \quad y = r\sin\theta \quad (0 \leq r < \infty, \ 0 \leq \theta < 2\pi) \quad (1.5)$$

このような極座標系で平面上の1点＝複素数を表現するとき，それは

$$z = x + iy = r\cos\theta + ir\sin\theta = r(\cos\theta + i\sin\theta) \quad (1.6)$$

と表される．このようにして，z を2つの実パラメータ (r, θ) を用いて一意に表すことができた．これが複素数 z の極形式である．

ここで簡単な注意を与える．上で述べたとおり，z と (r, θ) は1対1対応する．したがって，(r, θ) を z で表現することもできるはずである．まず，r については

$$|z| = \sqrt{(r\cos\theta)^2 + (r\sin\theta)^2} = r$$

より，$r = |z|$ と表せる．これは，z を用いて表したというよりも，絶対値という量が定義してあったので，それと r が結び付いた，という程度のこと

---

[5] x 軸の正の方向からどれくらい "偏っているか" を表す角度，という意味である．
[6] θ の範囲を $-\pi < \theta \leq \pi$ とする流儀もよく採用される．また，関数によっては θ の範囲を拡げて，例えば $0 \leq \theta < 4\pi$ とする場合もある（演習問題 4.16 を参照）．

である．一方，θ については，まだ都合のよい表現を用意していない．そこで，
$$\theta = \arg(z)$$
と表しておく（arg は argument と読む）．

〈例題 1.5〉

次の複素数を極形式で表せ．
（1） $z = \sqrt{3} + i$　　（2） $z = -1 + \sqrt{3}i$　　（3） $z = -2i$

〈解〉 （1） 図 1.6 からわかるとおり，z の偏角は $\theta = \pi/6$ である．また，原点からの距離は $r = |z| = \sqrt{3+1} = 2$．ゆえに，$z = 2\{\cos(\pi/6) + i\sin(\pi/6)\}$ となる．

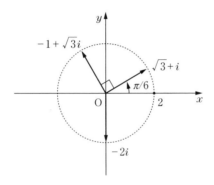

図 1.6

（2） 偏角は x 軸の正の方向から測った角度であるから，$\theta = 2\pi/3$．また，（1）と同様に $r = 2$．ゆえに，$z = 2\{\cos(2\pi/3) + i\sin(2\pi/3)\}$ となる．

（3） $z = 2\{\cos(3\pi/2) + i\sin(3\pi/2)\}$ となる．なお，係数が -2 ではないことに注意する．　　◆

問題 1.7　次の複素数を極形式で表せ．
（1） $z = \sqrt{3} - i$　　（2） $z = i(\sqrt{3} - i)$　　（3） $z = (\sqrt{3} - i)^2$

1.2.3　複素数の掛け算と回転の関係

例題 1.3 でみたとおり，2 つの複素数の和と差は複素平面上の平行四辺形

の対角線に対応する．次に考察すべきは積と商であるが，特に極形式を用いることで，その図形的性質をはっきりと示すことができる．そこで，2つの複素数を極形式で表した

$$z_1 = r_1(\cos\theta_1 + i\sin\theta_1), \qquad z_2 = r_2(\cos\theta_2 + i\sin\theta_2)$$

を考える．すると，これらの積は次のように計算される．

$$\begin{aligned}z_1 z_2 &= r_1 r_2 (\cos\theta_1 + i\sin\theta_1)(\cos\theta_2 + i\sin\theta_2) \\ &= r_1 r_2 (\cos\theta_1 \cos\theta_2 - \sin\theta_1 \sin\theta_2) \\ &\quad + i r_1 r_2 (\cos\theta_1 \sin\theta_2 + \sin\theta_1 \cos\theta_2) \\ &= r_1 r_2 \{\cos(\theta_1 + \theta_2) + i\sin(\theta_1 + \theta_2)\} \end{aligned} \qquad (1.7)$$

つまり，もともと偏角 θ_1, θ_2 をもつ2つの複素数の積は，偏角 $\theta_1 + \theta_2$ で指定される複素数となるのである．図1.7は $r_1 = r_2 = 1$ の場合で，これらの複素数の位置関係を表したものである．

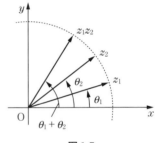

図 1.7

この事実は，次のように考えると，よりその意味をつかみやすい．まず，もともと $z_1 = r_1(\cos\theta_1 + i\sin\theta_1)$ が与えられているとする．これに，$z_2 = r_2(\cos\theta_2 + i\sin\theta_2)$ を"作用させた"と考えるのである．すると，作用された結果として得られた複素数は，長さが r_2 倍されて，偏角が θ_2 増えたものとなる．これをさらに推し進めると，次の定理としてまとめることができる．

定理 1.2

ある複素数 z に複素数 $r(\cos\theta + i\sin\theta)$ を掛けるとは，z の長さを r 倍し，偏角を θ 回転することに相当する．

これは非常にわかりやすい図形的性質である．特に，$r = 1, \theta = \pi/2$ である複素数，つまり i を掛けることは，長さは変えず，偏角を $\pi/2$ 進めること

に対応する．つまり，図 1.8 で示すように，任意の複素数 z について z と iz は $90°$ の角度をなしている．

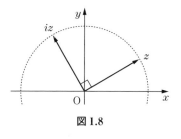

図 1.8

問題 1.8　$z_1 = \cos\theta_1 + i\sin\theta_1$, $z_2 = \cos\theta_2 + i\sin\theta_2$ に対して z_1/z_2 を計算せよ．その結果に基づいて，「ある複素数 z を複素数 $r(\cos\theta + i\sin\theta)$ で割るとは，z の長さを $1/r$ 倍し，偏角を θ 逆回転することに相当する」ことを確認せよ．

1.2.4　ド・モアブルの公式

前項で，複素数の掛け算に関する有用な規則を得た．それはつまり，(1.7) 式で示したように，**掛け算 $z_1 z_2$ が足し算 $\theta_1 + \theta_2$ に化ける**という事実である．このことは，ある複素数を何回掛けても，つまり何乗しても，それは足し算を繰り返すことに他ならない，ということを意味している．したがって，複素数の累乗に関しても，(1.7) 式と同様の有用な公式が得られるであろうことが予想できるし，以下に示すように，実際，そのとおりなのである．

まず (1.7) 式において，2 つの複素数を $r_1 = r_2 = 1$, $\theta_1 = \theta_2 = \theta$ と等しくおくと，
$$(\cos\theta + i\sin\theta)^2 = \cos 2\theta + i\sin 2\theta$$
というきれいな等式を得ることができる．この式の両辺にさらに $\cos\theta + i\sin\theta$ を掛けると，同様の性質から，$(\cos\theta + i\sin\theta)^3 = \cos 3\theta + i\sin 3\theta$ が成り立つ．これを繰り返すと，結局，次の等式を得る．
$$(\cos\theta + i\sin\theta)^n = \cos n\theta + i\sin n\theta \quad (n \text{ は整数}) \quad (1.8)$$
これは，**ド・モアブルの公式**とよばれる．

問題 1.9　上では n を自然数として (1.8) 式を導いたが，任意の整数 n に対しても (1.8) 式が成立することを証明せよ．

ド・モアブルの公式は累乗を和に変換してくれるので，ある種の代数方程式を解くときに大変重宝する．

〈例題 1.6〉

z を複素数とするとき，次の代数方程式のすべての解を求めよ．
（1） $z^3 = -1$　　（2） $z^4 = 1$　　（3） $z^4 = -1$

〈解〉（1）まず，与式の両辺の絶対値をとると，$|z^3| = 1$．これに例題 1.2 の (3) の結果を用いると，$|z|^3 = 1$ を得る．$|z|$ は非負の実数であるから，結局 $|z| = 1$ となる．これより，複素数 z は $z = \cos\theta + i\sin\theta$ と表せる．これを方程式に代入すると $(\cos\theta + i\sin\theta)^3 = -1$ となり，ゆえにド・モアブルの公式より

$$\cos 3\theta + i\sin 3\theta = -1$$

を得る．ここで実部，虚部を比較すれば，

$$\cos 3\theta = -1, \qquad \sin 3\theta = 0$$

が得られる．これを満たす θ は，m を整数として $3\theta = (2m+1)\pi$ で与えられる．このうち，$0 \le \theta < 2\pi$ を満たすものとして

$$\theta_1 = \frac{\pi}{3}, \qquad \theta_2 = \pi, \qquad \theta_3 = \frac{5\pi}{3}$$

をとる．結局，極座標 $(1, \theta_1)$, $(1, \theta_2)$, $(1, \theta_3)$ で指定される 3 つの複素数が方程式 $z^3 = -1$ の解である．この 3 つの解は，図 1.9(a) で示すとおり，複素平面上で半径 1 の円に内接する正三角形の頂点に対応する．

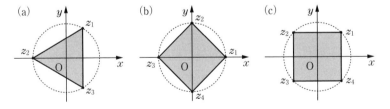

図 1.9

（2）同様の方法で，極座標 $(1, \theta_1)$, $(1, \theta_2)$, $(1, \theta_3)$, $(1, \theta_4)$ で指定される 4 つの解が求まる．ただし，$\theta_1 = 0$, $\theta_2 = \pi/2$, $\theta_3 = \pi$, $\theta_4 = 3\pi/2$ である．これらは，図 1.9(b) で示すとおり，半径 1 の円に内接する正四角形の頂点に対応する．

（3）同じく解は 4 つあり，それぞれ距離は $r=1$，偏角は $\theta_1 = \pi/4$, $\theta_2 = 3\pi/4$, $\theta_3 = 5\pi/4$, $\theta_4 = 7\pi/4$ である．これらは（2）と同じく正四角形の頂点に対応する複素数であるが，図 1.9(c) で示すとおり，偏角に違いがある． ◆

問題 1.10 z を複素数とするとき，次の代数方程式のすべての解を求めよ．
（1）$z^6 = 1$ （2）$z^6 = -8$ （3）$z^2 = 1 + i$

1.2.5 複素数を超える数？

前項の例題 1.6 で，方程式の次数と解の個数が一致していることをみた．やや飛躍があるが，この事実を拡張して，

「n 次方程式は n 個の複素数解をもつ」

という結果が欲しくなる．当たり前の予想と思うかもしれないが，そうではない．実際，解を実数に限ると，

「n 次方程式は n 個**以下**の実数解をもつ」

ということが一般に成り立つ．$x^2 = -1$ のように，実数解を 1 つももたない方程式もある．逆にいうと，そもそもこれが複素数を導入する契機になっていたのである．「実数解がない．では仕方ない，複素数解を認めましょう．」という具合いである．つまり，代数方程式を通して複素数という数は生まれたのである．

そうだとすると，もし上の予想が外れたら面白いことになる．というのは，例えば「ある 100 次方程式が複素数を含めて 90 個の解をもつ」などとなったら，残りの 10 個は，実数でも複素数でもない，何か新しい数でないといけないからである．代数方程式を通して，複素数を超えるさらに新しい数を生み出すことができるだろうか…．

結果をいうと，幸か不幸か，答えはノーである．具体的には，次の**代数学の基本定理**が成り立つ．

定理 1.3

係数を複素数とする n 次方程式
$$P(z) = z^n + a_{n-1}z^{n-1} + \cdots + a_1 z + a_0 = 0$$
は，重根を含めて n 個の複素数解をもつ．

この定理の証明は付録の A.3 節で行う．この定理によれば，**どんな複素数係数の多項式方程式をもってきても，その解として複素数でない数を生み出すことはできない**．つまり我々は，自然数，整数，有理数，実数，複素数，と数の概念を何世紀にも亘って拡張し続けてきたわけであるが，この営みは差し当たり打ち止めになったわけである[7]．

=== 〈例題 1.7〉 ===

z を複素数とするとき，次の 2 次方程式のすべての解を求めよ．
$$z^2 + \bar{z}^2 - iz\bar{z} - 2 + 2i = 0$$

〈解〉 与式は $2\,\mathrm{Re}(z^2) - 2 - i(|z|^2 - 2) = 0$ と変形できるので，問題 1.4 の (1) より条件は $\mathrm{Re}(z^2) = 1$, $|z|^2 = 2$ と等価である．これらは，$z = x + iy$ とおけば
$$x^2 - y^2 = 1, \qquad x^2 + y^2 = 2$$
と表せる．つまり，xy 平面におけるこれら 2 つの 2 次曲線の交点が解となり，図 1.10

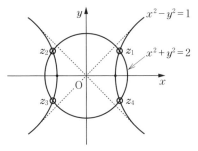

図 1.10

---

7) いや，まだまだ数の体系を拡張することは可能なのである！ 多項式の方程式の解をもって新しい数を生み出すことはもうできないが，直観で新しい数をいきなり定義してしまうのである．"四元数" をご存じだろうか．これは天才ハミルトンが発見した新しい数の概念であり，物理学や工学において多くの応用法がある．

で示すとおり，解は4つある．これらは，複素数表示に直せば

$$z_1 = \frac{\sqrt{3}+i}{\sqrt{2}}, \quad z_2 = \frac{-\sqrt{3}+i}{\sqrt{2}}, \quad z_3 = \frac{-\sqrt{3}-i}{\sqrt{2}}, \quad z_4 = \frac{\sqrt{3}-i}{\sqrt{2}}$$

となる．つまり，**この問題で考えている2次方程式は4つの解をもつ**．

このように，$\bar{z}$ を許すと，一般に n 次方程式は n 個以上の解をもちうる[8]．上に掲げた代数学の基本定理は，この意味で自明な結果ではないのである． ◆

問題 1.11 z を複素数とするとき，次の2次方程式のすべての解を求めよ．
（1） $z^2 + 2z - i = 0$ （2） $z\bar{z} + 2z - i = 0$ （3） $z\bar{z} + z - 2i = 0$

1.3 オイラーの公式

まえがきで，オイラーの等式 $e^{i\pi} = -1$ を示した．オイラーの公式とは，これの一般化である．そこで述べたように，この式の美しさは，それ自体が複素関数論の美しさを示唆するものである．しかし実は，オイラーの公式は美しいばかりでなく極めて有用であり，それゆえに，サイエンスの至るところで利用されている．

本節ではオイラーの公式を，いくつかの数学的道具を前借りして直観的な方法で導く．実際，オイラーの公式をこの段階で理解しておくことは，実は大いに意義があるのである．

1.3.1 直観的導出

まず，絶対値が1である複素数の極座標表示を

$$f(\theta) = \cos\theta + i\sin\theta \tag{1.9}$$

のように，θ の関数として表す．これを θ で微分すると，

$$\frac{df(\theta)}{d\theta} = -\sin\theta + i\cos\theta = if(\theta)$$

---

[8] $z\bar{z} + 1 = 0$ は解をもたず，$z\bar{z} - 1 = 0$ は無限個の解をもつ．つまり，$\bar{z}$ を許すと，解の個数は一般には定めることができなくなる．他方，z だけの代数方程式は，解の個数も定まるし，解の存在も保証されている．これがいかに強力な結果か，よくわかるだろう．

1.3 オイラーの公式

を得る．この微分方程式は，(1.9) 式から条件 $f(0) = 1$ が要求されているので，**形式的に** $f(\theta) = e^{i\theta}$ と一意に解ける．つまり，等式

$$e^{i\theta} = \cos\theta + i\sin\theta \tag{1.10}$$

が成り立つ．これが，**オイラーの公式**である．オイラーの等式は，これで $\theta = \pi$ としたものである．ここで"形式的に"と注意書きした理由は，我々は，まだ"複素数の指数関数"を定義していないからである！ これが冒頭に述べた"前借り"の意味である．

上の形式的導出法だけでは心許ないと思うので，もう 1 つ，同じく前借りには違いないのだが，別の導出法を示しておく．Chapter 0 で示した指数関数のテイラー展開 (0.8) 式を思い出そう．指数関数 e^x は，この級数展開という表現と相性が良く，任意の x について級数がきちんと収束してくれる．そこで，実数 x に対して定義されていた (0.8) 式を，何らかの意味での収束性が成り立つであろうことを信じて

$$e^z = \sum_{k=0}^{\infty} \frac{z^k}{k!} \tag{1.11}$$

のように複素数 z の場合に拡張する．さらに $z = i\theta$ なる複素数を選ぶと，少々計算が煩雑だが

$$e^{i\theta} = \left(1 - \frac{\theta^2}{2!} + \frac{\theta^4}{4!} - \frac{\theta^6}{6!} + \cdots\right) + i\left(\theta - \frac{\theta^3}{3!} + \frac{\theta^5}{5!} - \frac{\theta^7}{7!} + \cdots\right)$$

を得る．すると，同じく Chaper 0 の (0.10), (0.9) 式で示したように，上辺の第 1 項，第 2 項はそれぞれ $\cos\theta$, $\sin\theta$ のテイラー展開になっている（いま θ は実数であるから，これについては問題ない）．このように，指数関数と三角関数の級数展開を利用してもオイラーの公式 (1.10) が得られる．

問題 1.12 (1.11) 式に $z = i\theta$ を代入し，オイラーの公式 (1.10) が成り立つことを確認せよ．

1.3.2 オイラーの公式が意味すること ―複素関数論へ向けて―

オイラーの公式は，複素関数論を学ぶ過程で我々がまず最初に出会う，複素数の不思議さを表現した結果であろう．実関数論の範疇では，指数関数 e^x は無限大に発散したり（x を正の方向に大きくする），ゼロに限りなく減少していく（x を負の方向に大きくする），単調な関数である．それが，変数として複素数 $z = i\theta$ を許したとたん，$e^{i\theta}$ は振動現象を表す関数に化けるわけである．これは不思議としかいいようがない事実である．**振動も発散も減少もすべて e^z という複素関数で記述できる**からである．この事実を拡張すれば，**あらゆる関数は，そもそも複素関数論の範疇で捉えた方が自然である**[9]，という理解に至ることになる．

この考えは実際正しく，例えば時間変化する信号の解析は，フーリエ変換あるいはラプラス変換を経て，複素数の世界でなされる．信号を複素関数として捉えることで，それらの性質を統一的に解析することができるからである．そして以上の理由で，一般に"関数論"といえば，それは複素関数を含む関数全体の性質に関する理論体系を指している[10]．

1.3.3 オイラーの公式の使い方

オイラーの公式の意義は上で述べたが，いままでの内容に限ってみても，その有難みは直ちに実感できる．

まず，任意の複素数 z は，複素平面上での距離 r と偏角 θ で一意に指定することができ，それが z の極形式 (1.6) であった．これが，オイラーの公式を用いれば，次のようにさらに簡単に表されることになる．

$$z = re^{i\theta} \tag{1.12}$$

---

[9] フライングを厭わずオイラーの公式を説明したのは，お察しのとおり，Chapter 2 に入る前にこれをいいたかったからである．

[10] 昔の，複素関数を学ぶための教科書の多くには，そのタイトルに『函数論』という格調高い漢字があてがわれていた．

早速,極形式の指数表現 (1.12) 式を使ってみよう. (1.7) 式で $r_1 = r_2 = 1$ としたものにオイラーの公式を当てはめると,
$$e^{i\theta_1}e^{i\theta_2} = e^{i(\theta_1 + \theta_2)}$$
を得る.これを用いると,例題 1.2 の(2)は,$z_1 = r_1 e^{i\theta_1}$, $z_2 = r_2 e^{i\theta_2}$ と表せば
$$\bar{z}_1 \cdot \bar{z}_2 = r_1 e^{-i\theta_1} \cdot r_2 e^{-i\theta_2} = r_1 r_2 e^{-i(\theta_1+\theta_2)} = \overline{r_1 r_2 e^{i(\theta_1+\theta_2)}} = \overline{z_1 \cdot z_2}$$
のようにシンプルに証明できる.ド・モアブルの公式も,
$$(\cos\theta + i\sin\theta)^n = (e^{i\theta})^n = e^{in\theta} = \cos n\theta + i\sin n\theta$$
のように直接的に証明できる.

さらに,定理 1.2 を次のように表現することができる.

定理 1.2(再)

ある複素数 z に複素数 $re^{i\theta}$ を掛けるとは,z の長さを r 倍し,偏角を θ 回転することに相当する.

この印象的で美しい事実によって,オイラーの等式 $e^{i\pi} = -1$ を,次のように図形的に理解することが可能となる.まず,上の定理 1.2(再)から,左辺の $e^{i\pi}$ は 180°回転を施す操作を表す.他方,右辺の -1 は,定義 1.2 の直後で示したように,原点対称の折り返しを意味する.ゆえにオイラーの等式 $e^{i\pi} = -1$ とは,つまり,

「180°回転 = 原点対称の折り返し」

を数式で表現したものに他ならないのである!

演習問題

1.1 2次方程式 $z^2 + z + 1 + i = 0$ を考える.

(1) 複素数係数の2次方程式についても,いわゆる"解の公式"が成り立つ.つまり,$a, b \in \mathbb{C}$ に対して,$z^2 + az + b = 0$ の解は $z = (-a \pm \sqrt{a^2 - 4b})/2$ で与えられる.この公式を用いて与式の解を求めよ.ただし,解は(実部) $+ i$(虚部)

の形式で求めること．

（2） $z = x + iy$ とおき，与式の解を xy 平面上の2曲線の交点として求めよ．

1.2 2次方程式 $z^2 + az + b = 0$ を考える．

（1） a, b が共に実数であるとき，方程式の2つの解が共に $\mathrm{Re}(z) < 0$ を満たすための必要十分条件を求めよ．

（2） a が純虚数，b が実数であるとき，方程式の2つの解が共に $\mathrm{Im}(z) < 0$ を満たすための必要十分条件を求めよ．

1.3 2次方程式 $z^2 + g(k)z + k = 0$ の2つの解について調べる．これらは，実数 k を $-\infty < k < \infty$ の範囲で動かすと，複素平面上でどのような軌跡を描くか．次の各場合について求めよ．

（1） $g(k) = 1$　　（2） $g(k) = i$　　（3） $g(k) = k$

1.4 実数 $x(t), y(t)$ に関する次の線形微分方程式を考える．

$$\frac{d}{dt}\begin{pmatrix} x \\ y \end{pmatrix} = \begin{pmatrix} 0 & \omega \\ -\omega & 0 \end{pmatrix} \begin{pmatrix} x \\ y \end{pmatrix} = A \begin{pmatrix} x \\ y \end{pmatrix}$$

初期値は $x(0) = x_0$, $y(0) = y_0$ であり，ω は実数の定数である．

（1） この微分方程式の一般解を，複素数を導入せずに求めよ．この課題は，例えば行列の指数関数 e^{At} を計算することで遂行できる．

（2） $z(t) = x(t) + iy(t)$ なる複素変数を導入する．$z(t)$ に関する微分方程式を導出し，それを解くことで $z(t)$ および $x(t), y(t)$ の一般解を求めよ．

1.5 複素平面上に，次の漸化式に従って複素数 $z_n (n = 0, 1, 2, \cdots)$ を生成する．

$$z_n = \frac{1}{2} z_{n-1} + 1 \tag{1.13}$$

（1） 漸化式 (1.13) を解き，一般項 z_n を求めよ．ただし，$z_0 = 1$ とする．また，$\lim_{n \to \infty} z_n$ を計算せよ．

（2） 変数を $z_n = x_n + iy_n$ のように実部と虚部に分解する．実数 x_n と y_n が従う漸化式を求め，その一般項を求めよ．

（3） 初期値 z_0 を固定すると，x_n と y_n は複素平面上のある直線上を動く．この直線を求めよ．

1.6 演習問題 1.5 と同じ課題を，下に示す漸化式（1），（2）の場合で検討する．まず，一般項 z_n を求めよ．次に，分解 $z_n = x_n + iy_n$ に対して (x_n, y_n) が描く軌道を特定せよ．ただし，いずれの場合も初期値は $z_0 = 1 + i$ とする．

（1） $z_n = \dfrac{1}{2}\bar{z}_{n-1} + 1$ （2） $z_n = iz_{n-1} + 1$

1.7 複素平面上で，次の方程式を満たす複素数 z の集合を考える．
$$k|z| = |z - a|$$
ただし，k は正の実数，a は複素数である．

（1） $k \neq 1$ のとき，z は複素平面上で**アポロニウスの円**とよばれる円を描く．この円の中心と半径を求めよ．

（2） $k = \sqrt{2}$，$a = e^{i\theta}$ として実数 θ を自由に動かすとき，$|z|$ の最大値と最小値を求めよ．

（3） $k = 1$ のとき，z は複素平面上でいかなる図形を描くか．

1.8 2つの複素数 α, β を，複素平面上において原点を始点とする2つのベクトルとみなす．

（1） これら2つのベクトルが直交するための必要十分条件が次式で与えられることを証明せよ．
$$\alpha\bar{\beta} + \bar{\alpha}\beta = 0$$

（2） 上の条件に加えて，α, β が $|\alpha - \beta| = 1$ を満たしているとする．このとき，$|\alpha\beta|$ の最大値を求めよ．

1.9 複素平面上の3点 α, β, γ を考える．

（1） これら3つの点が正三角形をなすための必要十分条件が次式で与えられることを証明せよ．
$$\alpha^2 + \beta^2 + \gamma^2 = \alpha\beta + \beta\gamma + \gamma\alpha$$

（2） 上の条件に加えて $\alpha = 1$ と固定し，さらに β を虚軸上で自由に動かすとき，γ の軌跡を求めよ．

1.10 $(1+i)^{20}$ を計算せよ．また，$(1+i)^n$ が実数になるための n に関する必要十分条件を求めよ．

1.11 複素数 z の n 次方程式 $z^n + 1 = 0$ の解を $b_1, b_2, \cdots, b_n$ とする．

（1） $n = 4$ のとき，和 $b_1 + b_2$ および積 $b_1 b_2 b_3 b_4$ を計算せよ．

（2） $n = 6$ のとき，和 $b_1 + b_2 + b_3$ および積 $b_1 b_2 b_3 b_4 b_5 b_6$ を計算せよ．

以上の問題は，できれば暗算で答えるように努めてみよ．

1.12 代数学の基本定理から，複素1次方程式 $az + b = 0$ は必ず1つの複素数解をもつ．この解は，$z = x + iy$ とおくとき，複素平面上の2つの直線の交点に対応する．なぜ，この2つの直線は必ず交わるのか．$a = a_1 + ia_2$, $b = b_1 + ib_2$ とおいて具体的に考察してみよ（a_1, a_2, b_1, b_2 は実数）．

1.13 代数学の基本定理から，複素2次方程式 $z^2 + az + b = 0$ は必ず2つの複素数解をもつ．この解は，$z = x + iy$ とおくとき，複素平面上の2つの2次曲線の交点に対応する．例題1.7でみたとおり，一般に，2つの2次曲線の交点の個数はケースバイケースである．しかしいまは，2つの2次曲線が必ず2点で交わる，または1点で接する（重解の場合），といっているのである．なぜこういうことが起こるのか．$a = a_1 + ia_2$, $b = b_1 + ib_2$ とおいて，具体的に考察してみよ．

1.14 複素平面上に，$z = 1$ で定まる点 A を1つの頂点とする正四角形を与える．他の頂点を，A から半時計回りに B, C, D と名付ける．

（1） B に対応する複素数を $1 + \alpha$ とするとき，C, D に対応する複素数をそれぞれ求めよ．

（2） 原点 O から B, C への距離が等しい，つまり $\overline{OB} = \overline{OC}$ が成り立つように正四角形を動かす．このとき，B, C, D が描く軌跡をそれぞれ求めよ．

（3） （2）の条件が成り立つとき，正四角形が通過する領域の面積を求めよ．

Chapter 2
複素関数

　Chapter 1 では，複素数 $z = x + iy$ の種々の性質と，それらが図形的にうまく捉えられるという事実を中心に述べた．次なる課題は，1.3.2 項での議論で動機付けられたように，z を変数とする"複素関数"$f(z)$ の性質を調べていくことである．この Chapter では，いくつかの重要な関数をとり上げ，複素数の世界での関数がどのような振る舞いを示すものなのか，知見を拡げていこう．

✎ Chapter 2 のストーリー ✎

　2.1 節，2.2 節　まず，早々に実 2 変数関数論が必要になることが判明し，同時に，複素関数というのはいわゆる"グラフ"が描ける代物ではない，という事実もわかる．それは"平面から平面への"写像である．本節では，我々が長く親しんできた実 2 次関数 $f(x) = x^2$ の複素数版 $f(z) = z^2$ を題材に，この写像の様子を調べる．読者は，そこである 1 つの特徴を見出すだろう．

　2.3 節　続いて，三角関数と指数関数の複素数版について調べる．ここで，実関数の場合にはみられなかった複素関数ならではの顕著な性質が判明する．

　2.4 節　対数関数と累乗関数についても，同様の解析を試みる．ただし，ここでは"関数の多価性"という初学の際はとっ付きにくい概念に遭遇する．この節は，差し当たりスキップしても構わない．

　2.5 節　最後に，有理関数について述べる．ここでは，"特異点"という重要な概念が初めて現れる．

2.1　複素関数

　複素関数とは，複素数 $z \in \mathbb{C}$ を $f(z)$ という"数"に変換する操作である（まだ，$f(z)$ が複素数であるとはいっていないことに注意）．簡単な例とし

て，$f(z) = z^2$ なる複素関数を考えてみよう．これに $z = x + iy$ を代入すると，
$$f(z) = (x + iy)^2 = x^2 - y^2 + 2ixy$$
を得る．つまり，実部 $x^2 - y^2$，虚部 $2xy$ の複素数になる．

ここで学ぶべきは，次の事柄である．Chapter 1 の問題 1.2 でみたとおり，複素数に対してどんな四則演算を行っても，結果は同じく複素数である．そして，関数はしょせん四則演算の組み合わせである．したがって，**複素数 z に対して，$f(z)$ はやはり複素数となる**．ゆえに，一般に変数 $z = x + iy$ に対して，複素関数 $f(z)$ は 2 つの実 2 変数関数 $u(x,y)$, $v(x,y)$ を用いて
$$f(z) = u(x,y) + iv(x,y) \tag{2.1}$$
と表すことができる．つまり，**ごく自然に，実 2 変数関数が出てくる**のである．これが，Chapter 0 でしつこく実 2 変数関数論について復習した理由である．ただし，Chapter 0 の場合と異なり，いま我々は**互いに関連する 2 つの実 2 変数関数** $u(x,y), v(x,y)$ を調べていくことになる．

問題 2.1 次の複素関数の実部 $u(x,y)$，虚部 $v(x,y)$ を求めよ．
（1） $f(z) = z^3$ （2） $f(z) = \bar{z}^2$ （3） $f(z) = |z|^2$
（4） $f(z) = \dfrac{1}{z}$

上の問題 2.1 をみて，次の疑問を感じたかもしれない．「関数 f の引数は z なので，$\bar{z}$ を使ってはいけないのでは？」と．これについては，次のように考えればよい．すなわち，関数 $g(z) = \bar{z}$ を用意して，$f(z, \bar{z}) = f(z, g(z))$ のように "合成関数として" f を z だけの関数として表すのである．しかし，(2.1) 式のように f を**独立な 2 つの変数の関数として**表す場合は，話は別である．実際，$z = x + iy$, $\bar{z} = x - iy$ より
$$x = \frac{z + \bar{z}}{2}, \qquad y = \frac{z - \bar{z}}{2i} \tag{2.2}$$

であるから，

$$f = u\left(\frac{z+\bar{z}}{2}, \frac{z-\bar{z}}{2i}\right) + iv\left(\frac{z+\bar{z}}{2}, \frac{z-\bar{z}}{2i}\right)$$

となり，これは明らかに $z, \bar{z}$ の関数である．ただしこのときは，**z と $\bar{z}$ を独立な変数とみている**ことに注意しよう[1]．

2.2 平面から平面への変換

複素数 z は，実数の組 (x, y) を 1 つの点として複素平面上で表すことができる．そして (x, y) を 1 つ決めると，複素関数 $f(z)$ は (2.1) 式をとおして実数の組 $(u(x, y), v(x, y))$ を 1 つ定める．これも当然，複素平面上の 1 点である．つまり，**複素関数は，平面から平面への写像である**．こうなると，実 1 変数関数のときのように，x を横軸，$f(x)$ を縦軸とする "グラフ" はもはや描けない．

同様に，**1 つの実 2 変数関数** $f(x, y)$ のときのように，x を第 1 軸，y を第 2 軸，$f(x, y)$ を第 3 軸とする "3 次元のグラフ" も描けない．グラフが関数の性質を把握する上で極めて有用であったことを考えると，これは残念なことである．同時に，複素関数というのは，グラフから得られる直観がはたらかないという認識をもつ必要がある．実際，後の例でみるように，複素関数は我々の直観がはたらかない振る舞いを示す．

とはいえ，せっかく "平面から平面への写像" であることはわかっているのだから，できることを考えてみよう．前節に引き続き，複素関数 $f(z) = z^2$ を考察する．

まず，平面に名前を付ける．点 $P = (x, y)$ が動き回る平面を xy 平面，$f(z)$ で写された後の点 $P' = (u(x, y), v(x, y))$ が動き回る平面を uv 平面とよぶことにする．さらに，点 P の動き方にもルールを設ける．特にここで

---

1) (x, y) の組を定めると $(z, \bar{z})$ が一意に決まる．逆に (2.2) 式から，$(z, \bar{z})$ の組を定めると (x, y) が一意に決まる．この意味で，z と $\bar{z}$ を独立な変数とみているのである．

は，x が $x = k$ という一定値をとるとする．このとき y は自由に動けるが，点 P はこの直線上に拘束されることになる．しかし，さらに k をいろいろと動かすことにより，結局，点 P は xy 平面上をすべて移動することができる．

さて，いま $u(x, y) = x^2 - y^2$, $v(x, y) = 2xy$ であるから，$x = k$ に固定すると

$$u = k^2 - y^2, \qquad v = 2ky$$

を得る．すると，$k \neq 0$ であるとき，

$$u = k^2 - \frac{v^2}{4k^2} \tag{2.3}$$

となる．つまり，点 P を xy 平面の直線 $x = k$ 上で動かすと，点 P′ は uv 平面の曲線 (2.3) 上を動くことになる．$k = 0$ のときは，$u = -y^2 \leq 0$ であり，これはつまり，u 軸の非正成分に対応する半直線上を点 P′ が動くことを意味する．そして，k をいろいろと動かして xy 平面上で直線群をつくると，図 2.1 のように，uv 平面上で曲線群ができる．なお，曲線が k の符号に依存しないことに注意しよう．つまり，例えば $k = 1$, $k = -1$ に対応する 2 本の直線

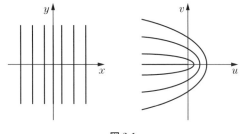

図 2.1

は 1 つの曲線に移される．この意味で，この写像は 1 対 1 ではない．

今度は，$y = k$ に固定した直線群を写像することを考えよう．この場合も計算はほとんど同じで，$k \neq 0$ のとき，(u, v) は

$$u = \frac{v^2}{4k^2} - k^2$$

を満たす曲線に移る．k をいろいろと動かすと，図 2.2 で示すような曲線群ができ上がる．直線 $y = k = 0$ は，u 軸の非負成分に対応する半直線に写る．

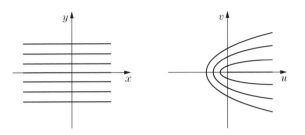

図 2.2

以上の 2 つの結果を組み合わせると，xy 平面上の編み目格子が，uv 平面上の捻れた編み目格子に写されることがわかる．2 本の直線が 1 本の曲線に写ることを勘案すると，結局，図 2.3 で示すとおり，関数 $f(z)$ は「xy 平面を折り畳んで捻る」という操作を行っていると直観的に理解できる．

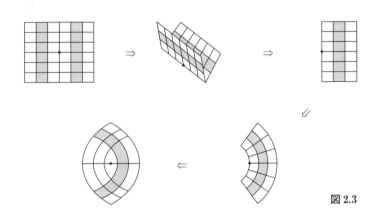

図 2.3

問題 2.2 次の複素関数は，xy 平面上の格子を uv 平面上のいかなる図形に変換するか．ただし，(3) については，放射状に拡がる格子を考えればよい．

(1) $f(z) = \bar{z}^2$ (2) $f(z) = |z|^2$ (3) $f(z) = \dfrac{1}{z}$

問題 2.3 問題 2.2 の (2), (3) で与えられる複素関数は，$|z-3| = 1$ で与えられる xy 平面上の図形を uv 平面上のいかなる図形に写すか（例題 1.4 も参照）．

以上のように,複素関数の写像としてのはたらきを視覚的に把握するための1つの方法として,xy 平面に格子を張り,それが uv 平面上でどのような図形に写されるかを調べる,というものがある.あるいは,xy 平面の何らかの図形が写像される様子を調べてもよいだろう.しかし,このことは上の例および問題から予想できるとおり,手作業で行うことは一般には難しい.このような課題の解決に,数値計算は有用である.図 2.4 に,いくつかの例を示す.(a) は xy 平面上の格子を,(b), (c), (d) は次の3種類の複素関数によって (a) の格子が uv 平面上にどのように写されるかを描いたものである.

(b) $w = 1/(z^2 + 10)$,　　(c) $w = ze^{-z}$,　　(d) $w = z^3$

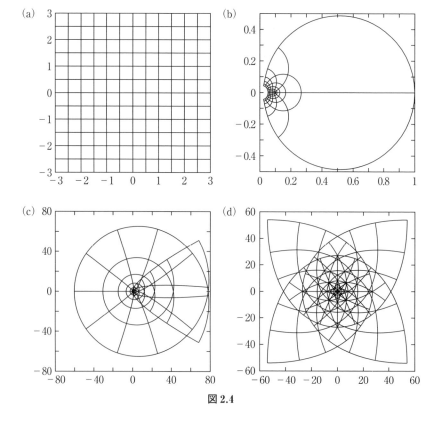

図 2.4

これらの図から，読者は，xy 平面上の正方形格子が，uv 平面上の捻れた長方形に写されていることを見出したと思う．つまり，四角形は捻れて写像されるが，その4隅の角度（90°）は保たれているのである．この事実に何らかのメカニズムがはたらいているのかどうかは，後々判明する．

2.3 指数関数と三角関数

1.3節で，指数関数と三角関数の間にオイラーの公式という驚くべき関係が成り立っていること，およびその有用性について述べた．このことは，複素数の世界で指数関数 e^z および三角関数 $\sin z$, $\cos z$ を特別にとり上げて，きちんと定義・解析する価値があることを示唆している．実際，本節での解析によって複素関数にさらに慣れると共に，実関数と複素関数の顕著な違いも理解できるようになるだろう．なお，次節で扱う対数関数・累乗関数と合わせて，これらを"初等関数"とよぶことがある．

2.3.1 定義

複素指数関数と複素三角関数の定式化にはいろいろなバリエーションがあると思うかもしれないが，直後で説明する理由から，自然な定義は次のものしかない．

定義 2.1

複素指数関数と複素三角関数を次式で定義する．

$$e^z = \sum_{n=0}^{\infty} \frac{1}{n!} z^n = 1 + z + \frac{z^2}{2!} + \frac{z^3}{3!} + \frac{z^4}{4!} + \cdots \qquad (2.4)$$

$$\sin z = \sum_{n=0}^{\infty} \frac{(-1)^n}{(2n+1)!} z^{2n+1} = z - \frac{z^3}{3!} + \frac{z^5}{5!} - \frac{z^7}{7!} + \cdots \qquad (2.5)$$

$$\cos z = \sum_{n=0}^{\infty} \frac{(-1)^n}{(2n)!} z^{2n} = 1 - \frac{z^2}{2!} + \frac{z^4}{4!} - \frac{z^6}{6!} + \cdots \qquad (2.6)$$

ここで3点，注意を与える．まず，この定義は次の要請を満たしているこ

とに注意しよう．

「$z = x \in \mathbb{R}$ と選ぶと，実数の場合の指数関数と三角関数に一致する．」 ＊
実際，上式で $z = x$ とすると，それらは $(0.8), (0.9), (0.10)$ 式と一致し，つまり自然な定義の1つであると考えられる．しかし実は，次の驚くべき事実が成り立つのである．**複素指数関数と複素三角関数は，＊かつ「$\mathbb{C}$ 全域で微分可能」なる要請を課すと，$(2.4), (2.5), (2.6)$ 式で定義するしかない**のである．興味がある方は付録の A.2 節を参照されたい．

次に，記号について注意する．まず，指数関数 (2.4) は，もはや**自然対数の底 $e = 2.718\cdots$ の z 乗という意味ではない**．左辺の e^z は右辺を表す単なる記号であり，三角関数の場合も同様である[2]．最後に，当然，無限級数が果たして収束してくれるのかどうかが気になるが，これについては Chapter 5 できちんと証明する．実際，**無限大を除くすべての $z \in \mathbb{C}$ で級数は収束する**ので，ここでは収束性は認めて話を続けよう．

具体的な解析の前に，次式を確認しよう．

$$e^{iz} = \cos z + i \sin z \tag{2.7}$$

この式は，1.3.1項の後半で示した計算と全く同じ方法で得られる．特に $z = \theta \in \mathbb{R}$ とすれば，以前にみたオイラーの公式 (1.10) となる．さらに，$\cos z$ が偶関数，$\sin z$ が奇関数であることから，上式の z を $-z$ におきかえると，

$$e^{-iz} = \cos z - i \sin z \tag{2.8}$$

を得る（これは，(2.7) 式の複素共役をとったものでないことに注意）．上の2式を用いると，

$$\cos z = \frac{e^{iz} + e^{-iz}}{2}, \quad \sin z = \frac{e^{iz} - e^{-iz}}{2i} \tag{2.9}$$

---

[2] 右辺の無限級数を $F_{\exp}(z), F_{\sin}(z), F_{\cos}(z)$ という関数で表すと，後でわかるように，これらの関数は指数関数と三角関数が満たすべきすべての性質を備えているので，それなら最初から e^z, $\sin z$, $\cos z$ と表記しましょう，ということである．

2.3 指数関数と三角関数

を得る．つまり，**複素三角関数は，複素指数関数を用いて一意的に表現できる**．ゆえに，(2.5), (2.6) 式の代わりに (2.9) 式をもって三角関数の定義としてもよい．もちろん，指数関数は (2.4) 式で定義しておく必要がある．

2.3.2 種々の性質

差し当たり，次の 2 つの問題が興味深い．
(ⅰ) 実数の場合の指数関数と三角関数に関する種々の公式は成り立つか．
(ⅱ) xy 平面上の格子は uv 平面上のいかなる図形に写るか．

ここでは，(ⅰ) の問題について調べてみよう．まず，2 項展開の公式から

$$e^{z_1+z_2} = \sum_n \frac{(z_1+z_2)^n}{n!} = \sum_n \frac{1}{n!} \sum_m \frac{n!}{(n-m)!\,m!} z_1^m z_2^{n-m}$$
$$= \sum_{n,m} \frac{z_1^m z_2^{n-m}}{m!(n-m)!} = \left(\sum_m \frac{z_1^m}{m!}\right)\left(\sum_l \frac{z_2^l}{l!}\right) = e^{z_1} e^{z_2}$$

が得られる（2 行目の式変形で，$n-m=l$ とした）．つまり，**指数法則**

$$e^{z_1+z_2} = e^{z_1} e^{z_2} \tag{2.10}$$

が成り立つ．これを用いると，次の公式を示すことができる．

〈例題 2.1〉

次の公式を証明せよ．

(1) **加法定理**　$\cos(z_1+z_2) = \cos z_1 \cos z_2 - \sin z_1 \sin z_2$
　　　　　　　　$\sin(z_1+z_2) = \sin z_1 \cos z_2 + \cos z_1 \sin z_2$

(2) **ピタゴラスの等式**　$\sin^2 z + \cos^2 z = 1$

(3) **倍角の公式**　$\cos^2 z = \dfrac{1+\cos 2z}{2}$, 　$\sin^2 z = \dfrac{1-\cos 2z}{2}$

〈解〉（1）(2.9) および (2.10) 式より，

$$\cos(z_1+z_2) = \frac{1}{2}\{e^{i(z_1+z_2)} + e^{-i(z_1+z_2)}\} = \frac{1}{2}(e^{iz_1}e^{iz_2} + e^{-iz_1}e^{-iz_2})$$
$$= \frac{1}{2}\{(\cos z_1 + i\sin z_1)(\cos z_2 + i\sin z_2)$$

$$+ (\cos z_1 - i \sin z_1)(\cos z_2 - i \sin z_2)\}$$
$$= \cos z_1 \cos z_2 - \sin z_1 \sin z_2$$

と計算できる．$\sin(z_1 + z_2)$ の場合も同様である．

（2） 同じく (2.9) 式を用いれば，次のように証明できる．
$$\sin^2 z + \cos^2 z = \left(\frac{e^{iz} - e^{-iz}}{2i}\right)^2 + \left(\frac{e^{iz} + e^{-iz}}{2}\right)^2 = 1$$

（3） 加法定理で $z_1 = z_2 = z$ とおけばよい． ◆

ところで，約1ページを費やしていくつかの公式を証明したが，実は，これらを示すには1行あれば十分なのである，といったら驚くだろうか．そのトリックに興味がある方は，付録の A.2 節を参照してほしい．

さて，実数の場合で成り立っていた種々の公式が複素数の場合にもそのまま成り立つことがわかった．これはもちろん望ましい性質であるが，一方で，少々拍子抜けもしてしまう．何か，複素関数ならではの性質はないのだろうか．実は，それがちゃんとある．以下で，それをみていこう．

まず，関数 $f(z)$ を実部 $u(x, y)$ と虚部 $v(x, y)$ に分けておく．指数関数の場合，(2.10) 式から
$$e^z = e^{x+iy} = e^x e^{iy} = e^x(\cos y + i \sin y) \tag{2.11}$$
となるので，ゆえに
$$u(x, y) = e^x \cos y, \qquad v(x, y) = e^x \sin y$$
である．これより，実数に限れば単調であった指数関数が，複素平面上では振動要素（つまり三角関数）を含む複雑な関数となり，**複素指数関数は単調性をもたない**ことがわかる．

三角関数の場合も面白い．例えば $\cos z$ の場合を調べてみると，
$$\cos z = \frac{e^{iz} + e^{-iz}}{2} = \frac{e^{ix-y} + e^{-ix+y}}{2}$$
$$= \frac{e^{-y}(\cos x + i \sin x) + e^y(\cos x - i \sin x)}{2}$$

2.3 指数関数と三角関数

であるから，$\cos z$ の実部と虚部への分解 $\cos z = u + iv$ は

$$u(x,y) = \frac{e^y + e^{-y}}{2} \cdot \cos x, \quad v(x,y) = -\frac{e^y - e^{-y}}{2} \cdot \sin x$$

(2.12)

となる．これより，次式のように絶対値が計算できる．

$$|\cos z|^2 = u^2 + v^2 = \cos^2 x + \left(\frac{e^y - e^{-y}}{2}\right)^2$$

したがって，例えば $|\cos(2+i)| > 1$ が成り立つ．つまり，**複素三角関数の絶対値は1を超え得る！** さらに，直ちにわかるとおり，その値は無限大に大きくなり得る．これは，実三角関数がある一定振幅をもって振動を続け，決して発散しないことと対照的である．複素三角関数は，もはや有界な単振動関数ではないのである．

ちなみに，(2.12) 式から，(1.3) 式で宣言した $\cos(2+i)$ の実部と虚部への分解が次式で与えられることがわかる．

$$\cos(2+i) = \cos 2 \cdot \frac{e + e^{-1}}{2} - i \sin 2 \cdot \frac{e - e^{-1}}{2}$$

以上で示したとおり，複素指数関数と複素三角関数の性質には，実関数の場合のアナロジーが効くもの，効かないもの，の両方がある．しかし，そもそもこれらの関数の定義域は複素平面全域であり，実関数のそれよりはるかに広いので，実関数の場合の公式がそのまま複素平面全域で成り立つことは驚くべきことなのである．

問題 2.4 次の各命題を証明せよ．
（1） $e^z = 0$ となる複素数 z は存在しない．
（2） 複素関数 e^z は，ゼロ以外の任意の複素数をとることができる．
（3） $\cos z = 0$ となる複素数 z は $z = (n + 1/2)\pi$（n は整数）のみである．つまり，実三角関数の方程式 $\cos x = 0$ の解と一致する．
（4） 絶対値 $|\sin z|$ は 1 を超えうる．

2.3.3 三角関数と指数関数の変換則

次に，前項冒頭で掲げた問題 (ii) について考えよう．つまり，関数 $f(z) = u(x,y) + iv(x,y)$ について，xy 平面から uv 平面への変換の様子を調べる．

まずは指数関数 (2.11) を考えよう．$x = k$ と固定すると $(u,v) = (e^k \cos y, e^k \sin y)$ であるから，y を自由に動かすと $u^2 + v^2 = e^{2k}$ という円型の軌道が描かれる．他方，$y = k$ と固定すると $(u,v) = (e^x \cos k, e^x \sin k)$ となるので，x を自由に動かすと (u,v) は原点からベクトル $(\cos k, \sin k)$ 方向に延びる半直線を描く．以上より，図 2.5 で示すとおり，xy 平面上の格子は uv 平面上の同心円格子に写像される．なお，y 成分については周期性がある．つまり，例えば，$0 \leq y \leq 2\pi$ の範囲の格子と $2\pi \leq y \leq 4\pi$ の範囲の格子は，uv 平面の同じ同心円格子に写像される．

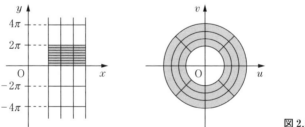

図 2.5

次に，$\cos z$ の場合を調べよう．このとき，(u,v) は (2.12) 式で与えられる．まず，$x = k$ と固定して y を動かすと，$\sin k \neq 0$，$\cos k \neq 0$ のとき

$$\frac{u^2}{\cos^2 k} - \frac{v^2}{\sin^2 k} = \left(\frac{e^y + e^{-y}}{2}\right)^2 - \left(\frac{-e^y + e^{-y}}{2}\right)^2 = 1$$

となり，これは uv 平面上の双曲線である．ただし，$\sin k = 0$ となる k を選ぶと u 軸から線分 $(-1, 1)$ を切り取った半直線が，また $\cos k = 0$ となる k を選ぶと v 軸上の直線が描かれる．

一方，$y = k$（ただし $k \neq 0$）と固定して x を動かすと

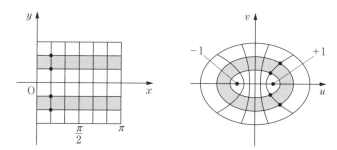

図 2.6

$$\left(\frac{u}{e^k + e^{-k}}\right)^2 + \left(\frac{v}{e^k - e^{-k}}\right)^2 = \frac{1}{4}$$

で与えられる楕円が描かれる．特に $k = 0$ の場合は，$u = \pm 1$ を結ぶ u 軸上の線分が対応する．以上をまとめて図示したものが図 2.6 である．

問題 2.5 複素三角関数 $f(z) = \sin z$ は，xy 平面上の格子を uv 平面上のいかなる図形に変換するか．

☆ 2.4 対数関数と累乗関数

三角関数と指数関数とくれば，当然，次に調べるべきは対数関数である[3]．事実，実対数関数 $f(x) = \log x$ は $\log ab = \log a + \log b$ などの有用な性質ゆえ，解析の様々な場面で使われている．また，エントロピーなどの重要な量が対数関数を用いて定義されているという事実は特筆に値するだろう．というわけで，我々は対数関数の複素数版 $f(z) = \log z$ を定義して解析する動機を十分にもっている．

さらに，対数関数を利用して累乗関数 $f(x) = x^a$ の複素数版 $f(z) = z^a$ を考えることができる．もともと，複素数が $i = (-1)^{1/2}$ のように累乗関数に基づいて定義されていたことを思い出せば，これの一般形を調べることは有用だろう．

---

[3] 本書では自然対数のみを扱う．

2.4.1 対数関数

まず,対数関数から調べよう.**対数関数は指数関数の逆関数で定義できる**.実関数の場合,$y = \log x$ を満たす x, y は「指数法則 $x = e^y$ を満たす x, y である」と定義するのである.定義域も勝手に決まってしまい,任意の y に対して $x = e^y > 0$ であるから,対数関数 $y = \log x$ の定義域は $x > 0$ で,y はすべての実数値をとる.

複素関数の場合も,これと同じように逆関数をベースに定義をしてみよう[4].すなわち,次のように複素対数関数を定義する.

定義 2.2

複素対数関数 $w = \log z$ の定義変数 z および値変数 w は,指数法則 $z = e^w$ を満たすものとして定義される.定義域は,複素平面からゼロを除いた領域である(つまり,z はゼロ以外の任意の複素数をとる).

定義域が $z \neq 0$ であるというのは,問題 2.4 の (1) の結果による(w が自由に動き回るとき,$z = e^w$ はゼロ以外の任意の複素数値をとる).この定義自体は,実数の場合の自然な拡張と思われるが,直ちに問題[5]が生じる.それは,オイラーの公式から

$$e^{2n\pi i} = \cos(2n\pi) + i\sin(2n\pi) = 1 \quad (n \text{ は任意の整数})$$

が成り立つことに起因する.つまり,この性質ゆえ,定義式を

$$z = e^w = e^{w+2n\pi i} \tag{2.13}$$

と表すことが可能となってしまい,したがって,**1つの z に対して,無限個の関数値 $w, w \pm 2\pi i, w \pm 4\pi i, \cdots$ が対応する**のである.

---

4) 指数関数はベキ級数で定義した.だったら,対数関数もベキ級数で定義すべきだろう,という考えをもったあなたは鋭い.事実,実関数の場合であれば,逆関数に基づく定義とベキ級数に基づく定義は等価である.しかし,複素関数の場合は,逆関数に基づく定義の方が"広い"のである.具体的には,ベキ級数で定義して,さらにそれを"解析接続"して初めて,逆関数で定義された複素対数関数と一致する.

5) やっかいな問題ということではなく,それを解決することで,さらに複素関数論の世界が広がるような,本質的かつ重要な問題という意味である.

このような，1つの定義値 z と多数の関数値 w が対応するような複素関数 $w = f(z)$ を**多価関数**とよぶ[6]．特に上で判明したとおり，複素対数関数 $w = \log z$ は，1つの定義値 z と無限個の関数値 w が対応する**無限多価関数**である．

さて，"無限"という言葉にひるんでしまいそうだが，多価性に注意を払っておきさえすれば，実数の場合に近い取り扱いが可能である．このことをみるために，まず $w = \log z$ を $w = u + iv$ のように実部と虚部に分解しておく．次いで，$z = re^{i\theta}$ と定義変数を極座標表示する．ここで，$z \neq 0$ から $r = |z| > 0$ となることに注意しよう．このとき，r については通常の実対数 $\log r$ をとることができるので，定義から $r = e^{\log r}$ を得る．ゆえに，z は $z = re^{i\theta} = e^{\log r}e^{i\theta} = e^{\log r + i\theta}$ と表せる．

以上を定義式 (2.13) に当てはめると，
$$e^{\log r + i\theta} = e^{u + iv + 2n\pi i}$$
を得る．ゆえに，$u = \log r$，$v + 2n\pi = \theta$ が成り立つので，結局，複素数 $z = re^{i\theta}$ に対して，その対数関数は
$$w = \log z = \log r + i(\theta + 2n\pi) \qquad (n \text{ は任意の整数}) \quad (2.14)$$
で与えられる（n の符号を反転しておいた）．改めて，z を1つ決める（$\Leftrightarrow$ (r, θ) を1つ決める）と，(2.14) 式で定まる多数の w が生じることに注意しよう．

一方で，あくまで関数値を1つに固定するという考え方もある．典型的には，z の偏角 $\arg(z)$ を $0 \leq \arg(z) < 2\pi$ に固定して
$$\mathrm{Log}\, z = \log r + i\theta \qquad (2.15)$$
をとる．この大文字で表されたものを，複素対数関数の**主値**とよぶ．

---

6) 実数の場合でも多価関数は生じる．例えば，$y = x^2$ の逆関数は $x = y^2$ を満たす x, y で定義されるので，1つの定義値 x に対して2つの関数値 y が対応する．特にこの場合，ムリヤリ $y = \pm\sqrt{x}$ というように x の関数としての y を明示的に表すことが可能である．しかしここでは，「対数関数のような自然で重要な関数が無限多価性を生み出してしまう」という事実に注目してもらいたい．

━━**〈例題 2.2〉**━━━━━━━━━━━━━━━━━━━━━━━━━━━━

次の複素対数を計算せよ．

（1） $\log(-1)$ 　　（2） $\log(1+i)$

━━━━━━━━━━━━━━━━━━━━━━━━━━━━━━━━━━

〈解〉（1） $z=-1$ は極座標 $(r,\theta)=(1,\pi)$ で指定できるので，(2.14) 式より
$$\log(-1) = \log(1) + i(\pi + 2n\pi) = (2n+1)\pi i$$
つまり，無限多価の複素数である．なお，主値は $\mathrm{Log}(-1) = \pi i$ である．

（2） $z=1+i$ は極座標 $(r,\theta)=(\sqrt{2},\pi/4)$ で指定できるので，(2.14) 式より
$$\log(1+i) = \log\sqrt{2} + i\left(\frac{\pi}{4} + 2n\pi\right) = \log\sqrt{2} + \left(2n+\frac{1}{4}\right)\pi i$$
となる．　　　　　　　　　　　　　　　　　　　　　　　　　　　　◆

問題 2.6　次の複素対数を計算せよ．

（1） $\log(-5)$ 　　（2） $\log(1-i)$ 　　（3） $\log(-i)$

以下，複素対数関数の性質を調べていこう．まずは，平面から平面への変換について述べる．

対数関数は，xy 平面上の点 $(x,y) = (r\cos\theta, r\sin\theta)$ を，uv 平面上の無限個の点 $(u,v) = (\log r, \theta + 2n\pi)$ に写す．つまり，図 2.7 で示すように，xy 平面上の 1 つの点（図中の黒点）に対して，uv 平面上の無限個の点が対応する．いま，n を固定してこの黒点を xy 平面上で任意に動かすと，uv 平面上で縦幅 2π，横幅無限大の帯が現れる．この意味で，1 つの xy 平面は，

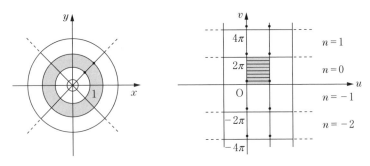

図 2.7

☆2.4 対数関数と累乗関数

uv 平面上のこの帯に写像され，n を変えて初めて uv 平面を埋め尽くすことができる．当然，主値対数関数 $\mathrm{Log}\,z$ は $0 \le v < 2\pi$ に制限される 1 本の帯しか生成せず，例えば uv 平面の点 $(1, 4\pi)$ などに写像される xy 平面上の点は存在しない[7]．

さて，主値関数に注目する．図 2.8 からわかるとおり，xy 平面上の点 z が原点近傍から出発し，その長さ $r = |z|$ を大きくしていくと，対応する点 $\mathrm{Log}\,z$ は uv 平面の u 方向マイナス無限大から u 方向プラス無限大へ移動していく[8]．$z = re^{i\theta}$ の θ が変化すると，$\mathrm{Log}\,z$ の v 成分が変化することに注意しよう．移動の向きが一定であるという意味で，複素対数関数は単調であるといえよう．

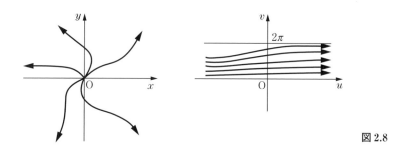

図 2.8

次に，対数関数ならではの関係 $\log ab = \log a + \log b$ の複素数版が成り立つかどうかを調べよう．$z_1 = r_1 e^{i\theta_1}$, $z_2 = r_2 e^{i\theta_2}$ に対して，$z_1 z_2 = r_1 r_2 e^{i\theta_1} e^{i\theta_2} = r_1 r_2 e^{i(\theta_1+\theta_2)}$ であるから，(2.14) 式より

$$\log z_1 z_2 = \log r_1 r_2 + i(\theta_1 + \theta_2 + 2n\pi)$$

である．他方，z_1, z_2 の対数は $\log z_1 = \log r_1 + i(\theta_1 + 2n_1\pi)$, $\log z_2 = \log r_2$

---

[7] 平面から平面への写像というと，つい xy 平面全域から uv 平面 "全域" への写像と考えてしまいがちであるが，ここで示したように，一般に複素関数は uv 平面上のある領域への写像になる．実関数の場合でも，例えば $f(x) = 1/(1 + x^2)$ の関数値は $0 < f(x) \le 1$ に制限され，$f(x) = 2$ などに写像される x は存在せず，上記のことは何ら違和感のある事実ではない．

[8] この図を見て，川の流れを連想しないだろうか．事実，複素関数論は，このような "流体" の表現や解析で大いに有用なのである．

$+ i(\theta_2 + 2n_2\pi)$ のように，整数 n_1, n_2 を用いて別個に表される．それでも，$n = n_1 + n_2$ を満たす整数の組 (n_1, n_2) が必ず存在するので，

$$\log z_1 z_2 = \log z_1 + \log z_2 = \log r_1 r_2 + i(\theta_1 + \theta_2 + 2n\pi)$$

とできる．つまり複素対数関数は，**整数の組 (n_1, n_2) の不定性を除いて**，積と和の関係 $\log z_1 z_2 = \log z_1 + \log z_2$ を満たすのである．

問題 2.7

（1） xy 平面上の点が $z(t) = te^{it}$ $(0 < t)$ のように螺旋を描きながら原点から遠ざかるとき，$w = \log z$ は uv 平面でどのような軌跡を描くか．

（2） 商と差の関係 $\log(z_1/z_2) = \log z_1 - \log z_2$ を，上記と同じ不定性のもとで証明せよ．

（3） 対数関数の主値 $\mathrm{Log}\, z$ は，積と和の関係 $\mathrm{Log}(z_1 z_2) = \mathrm{Log}\, z_1 + \mathrm{Log}\, z_2$ を満たすか．

2.4.2 累乗関数

次にとり上げるのは，x^2, x^{-3}, $x^{1/2}$, $x^{\sqrt{2}}$ などの累乗関数の複素数版である．正の実数 x に対しては，累乗 x^a の対数が $\log x^a = a \log x$ になることから，一般に $x^a = e^{a \log x}$ と定義できる．これに基づいて，複素数 z の累乗関数 z^a を次で定義しよう．

> **定義 2.3**
>
> 複素数 $z \in \mathbb{C}$，$a \in \mathbb{C}$ に対して，累乗関数 $w = z^a$ を，複素対数関数を用いて $w = z^a = e^{a \log z}$ と定義する．

対数関数は多価関数であったので，累乗関数も多価関数となる．実際，$z = re^{i\theta}$ と極座標表示すれば，(2.14) 式より，

$$w = z^a = e^{a \log z} = e^{a(\log r + i\theta + 2ni\pi)} = e^{a \log r} e^{(\theta + 2n\pi)ai} = r^a e^{i\theta a} e^{2na\pi i} \tag{2.16}$$

となり，n は任意の整数であるから，1つの $z = re^{i\theta}$ に対して多数の w が対

☆2.4 対数関数と累乗関数

応する．ただし，a が整数値をとるときは，$e^{2na\pi i} = 1$ であるから多価性は生じない．つまり，z^2 や z^{-6} などは 1 価関数である．もちろん，対数関数と同様，ただ 1 つの w だけが現れるようにムリヤリ 1 価関数とすることもできる．それが**累乗関数の主値**であり，次で定義できる．

$$w = e^{a \operatorname{Log} z} = e^{a(\log r + i\theta)} = r^a e^{i\theta a}$$

〈例題 2.3〉

次の累乗を計算せよ．

（1） $i^{1/3}$ （2） i^i

〈解〉（1） $z = i$ は極座標 $(r, \theta) = (1, \pi/2)$ で指定できるので，(2.16) 式より

$$i^{1/3} = 1^{1/3} e^{\pi i/6} e^{2n\pi i/3} = \frac{\sqrt{3} + i}{2} e^{2n\pi i/3}$$

ゆえに，n に応じて次の 3 通りの値が出てくる．

$$\frac{\sqrt{3} + i}{2}, \quad \frac{-\sqrt{3} + i}{2}, \quad -i$$

つまり，$i^{1/3}$ は無限多価ではなく，3 価である．

（2） 上と同様，$z = i$ は極座標 $(r, \theta) = (1, \pi/2)$ で指定できるので，(2.16) 式より

$$i^i = e^{i(\log 1 + \pi i/2 + 2n\pi i)} = e^{-\pi/2 - 2n\pi}$$

つまり，i^i は無限多価の実数である[9]．なお，主値は $i^i = e^{-\pi/2}$ である．◆

問題 2.8 次の累乗を計算せよ．

（1） $(1 + i)^{2/3}$ （2） $(-1)^i$ （3） $(-1)^{\sqrt{2}}$

最後に，本節冒頭で宣言したとおり，複素数 $i = \sqrt{-1}$ の基となっていた累乗関数 $f(z) = z^{1/2}$ の性質を調べてみよう．(2.16) 式より，$z = re^{i\theta}$ に対して $w = z^{1/2} = r^{1/2} e^{i\theta/2} e^{n\pi i}$．つまり，$w$ は

$$w = \sqrt{r} e^{i\theta/2}, \qquad w = \sqrt{r} e^{i(\theta/2 + \pi)}$$

---

[9]「私の愛情は本物です」と覚える．

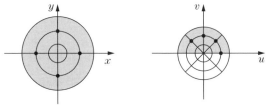

図 2.9

という 2 価関数である．図 2.9 で示すとおり，前者は xy 平面の全域を uv 平面の上半分に写像する（後者は xy 平面の全域を uv 平面の下半分に写像する）．

2.5 多項式関数と有理関数

多項式関数とは，実数の場合であれば $f(x) = x^5 + 3x^2 - 1$ などの，ベキ関数 x^n（n は非負の整数）の和で表せるものである．これの複素数版として $f(z) = z^3 \bar{z}^2 + 3z\bar{z} - 1$, $f(z) = z^5 + 3\bar{z}^2 - 1$ などいろいろ考えられるが，**特に複素関数論で重要なのは，$f(z) = z^5 + 3z^2 - 1$ のように $\bar{z}$ が紛れ込んでこないもの**である．つまり一般に複素関数論で単に多項式関数といえば，それは

$$f(z) = \sum_{k=0}^{n} a_k z^k = a_n z^n + a_{n-1} z^{n-1} + \cdots + a_1 z + a_0 \quad (2.17)$$

なる複素関数を指す．多項式関数の性質については $f(z) = z^2$ の場合をすでに詳細に調べているので，ここでは先を急ごう．

さて，有理関数である．実数の場合，これは $f(x) = (x+1)/(x^2-2)$ などの分数型の関数であるが，これの複素数版を，多項式関数の場合と同じく

$$f(z) = \frac{a_n z^n + a_{n-1} z^{n-1} + \cdots + a_1 z + a_0}{b_m z^m + b_{m-1} z^{m-1} + \cdots + b_1 z + b_0} \quad (2.18)$$

のように **z だけが変数であるもので定義する**．複素有理関数は後々頻繁に考察することになるが，その根拠となる顕著な性質を以下で述べる．例として，次の有理関数を考えよう．

$$f(z) = \frac{1}{z^2 + 1} \quad (2.19)$$

2.5 多項式関数と有理関数

ポイントは次の式変形である[10].

$$f(z) = \frac{1}{(z+i)(z-i)} = \frac{1}{2i}\left(\frac{1}{z-i} - \frac{1}{z+i}\right)$$

つまり，$f(z)$ は $z = \pm i$ で**発散する**．ゆえに，これらの点は定義領域から除外する必要がある．この事実は，対応する実関数 $f(x) = 1/(x^2+1)$ が明らかにすべての実数 $x \in \mathbb{R}$ について有界 $0 < f(x) \leq 1$ であることと対照的である．すなわち，顕著な性質というのは，**複素有理関数** (2.18) に**ついては，定理 1.3 から多項式** $b_m z^m + \cdots + b_1 z + b_0 = 0$ **が複素数の範囲で m 個の解をもつので，"分母がゼロとなる点＝発散する点" が必ず現れる**，ということである．3.4 節で正確に定義するが，このような発散する点を**特異点**とよぶ．いまの場合，実軸上だけで関数を解析していたときは隠れてみえていなかった特異点が，複素平面全域にまで興味を拡げた結果，屹然と現れたわけである．この事実は，後である種の積分を実行する際に，極めて本質的かつ有効に用いられる．

関数 (2.19) は，他にも興味深い性質をもっている．その 1 つを示して本節を締めくくろう．

〈例題 2.4〉

実関数 $f(x) = 1/(x^2+1)$ は，閉領域 $-1/2 \leq x \leq 1/2$ の内部 $x = 0$ で最大値 $f(0) = 1$ をとる．では，この関数の複素数版 (2.19) 式を閉領域 $|z| \leq 1/2$ で考えると，$|f(z)|$ の最大値はどの点で与えられるか．

〈解〉 $z = re^{i\theta}$ とおく（$0 \leq r \leq 1/2$, $0 \leq \theta < 2\pi$）．すると，次式を得る．

$$|z^2 + 1|^2 = |r^2 e^{2i\theta} + 1|^2 = r^4 + 2r^2 \cos 2\theta + 1 \geq r^4 - 2r^2 + 1 \geq \frac{9}{16}$$

等号成立は $r = 1/2$, $\theta = \pi/2$, $3\pi/2$ のとき，すなわち $z = \pm i/2$ のときである．

---

10) このような式変形を，"部分分数分解" とよぶ．特に，$m > n$ かつ多項式 $b_m z^m + \cdots + b_1 z + b_0 = 0$ の m 個の解 β_k が互いに異なるとき，一般に有理関数 (2.18) は $f(z) = \alpha_m/(z - \beta_m) + \cdots + \alpha_1/(z - \beta_1)$ のように部分分数分解することが可能である．ただし，α_k は定数である．

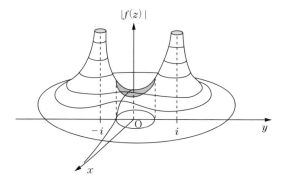

図 2.10

また，このとき
$$|f(z)| = \left|\frac{1}{z^2+1}\right| = \frac{1}{|z^2+1|} \leq \frac{4}{3}$$
より，$|f(z)|$ の最大値は $4/3$ である．

このように，実関数のときは**領域の内部**で最大値が与えられていたのに対して，複素関数にまで拡張すると，最大値は**領域の境界**で与えられるのである．これは，$|f(z)|$ を $z = x+iy$ の関数
$$|f(z)| = \frac{1}{|(x+iy)^2+1|} = \frac{1}{\sqrt{(x^2-y^2+1)^2+4x^2y^2}}$$
として表し，3次元プロットすればよくわかる（図 2.10）． ◆

上でみた事実には，実は，隠れたメカニズムがある．それを付録の A.4 節で説明するので，興味のある読者は参照されたい．

問題 2.9 実関数 $f(x) = 2/(e^x + e^{-x})$ は，閉領域 $-1 \leq x \leq 1$ の内部 $x = 0$ で最大値 $f(0) = 1$ をとる．では，この関数の複素数版 $f(z) = 2/(e^z + e^{-z})$ を閉領域 $|z| \leq 1$ で考えると，$|f(z)|$ の最大値はどの点で与えられるか．

演習問題

2.1 2つの曲線 $x^2 - y^2 = k_1$ と $2xy = k_2$ がすべての実数 k_1, k_2 に対して直交することを証明せよ．

2.2 複素関数 $f(z) = z^2$ は, $z = x + iy$ とおくとき, 点 (x, y) を点 $(u, v) = (x^2 - y^2, 2xy)$ に写すのであった. 2.2節では, xy 平面に張った直交格子が uv 平面上でどのような曲線格子として現れるかを調べたが, 逆に, uv 平面上で直交格子として現れるような xy 平面上での曲線格子を求めたい.

（1） まず, $u = k > 0$ と固定するとき, そのような $(u, v) = (k, v)$ に対応する (x, y) は 2 つの曲線 $x^2 - y^2 = k$, $2xy = v$ の交点として得られる. この上で v を自由に動かすことにより, $u = k > 0$ で指定される uv 平面上の直線に写像される xy 平面上の曲線を求めよ.

（2） 次に, $u = k < 0$ とした場合を調べよ.

（3） さらに, 今度は $v = k$ で指定される uv 平面上の直線に写像される xy 平面上の曲線を求めよ.

（4） uv 平面上で直交格子として現れるような xy 平面上での曲線格子を図示せよ（演習問題 2.1 を参照）.

2.3 演習問題 2.2 の課題を, 関数が $f(z) = z + 1/z$ の場合に実行せよ.

2.4 複素平面上に, 原点をとおり, 偏角 θ の直線 l が与えられている. このとき, 次の条件を満たす複素関数を求めよ.

（1） すべての z に対して, z と $f(z)$ の中点が l 上にある（つまり, $f(z)$ は l に関する対称変換）.

（2） すべての z に対して, z と $f(z)$ を結ぶ直線と l が直交し, かつ, $f(z)$ は l 上にある（つまり, $f(z)$ は l 上への射影変換）.

2.5 次の分数型の複素関数は **1次分数変換** とよばれる.
$$f(z) = w = \frac{az + b}{cz + d}$$
ただし, a, b, c, d は複素数である.

（1） 一般に, 1次分数変換は円を円に写像することを証明せよ. つまり, z が円を描くとき, w も円を描くことを証明せよ.

（2） $a = 0$, $b = 1$, $c = 1$, $d = 0$ のとき, 円 $|z - \alpha| = r$ はいかなる円に写像されるか.

（3） $a=1$, $c=\bar{b}$, $d=1$ で，かつ条件 $|b|<1$ が満たされるとき，開領域 $|z|<1$ と開領域 $|w|<1$ が互いに写り合うことを証明せよ．

2.6 ある 1 次分数変換が，3 つの点 $-1, 0, 1$ をそれぞれ $-1, i, 1$ に写すという．この 1 次分数変換を求めよ．

2.7 複素 2 次関数 $f(z) = z^2 + az + b$ を考える．a, b は実数のパラメータである．また，2 次方程式 $f(z) = 0$ の解は $|z| < 1$ を満たすとする．

（1） 変数を，z から次式を満たす複素数 s に変換する．

$$z = \frac{s+1}{s-1}$$

このとき，$|z| < 1$ と $\mathrm{Re}(s) < 0$ が等価であることを証明せよ．

（2） 上の結果を用いて，a, b が満たす条件を ab 平面に図示せよ．

（3） $|f(2i)|$ の最大値と最小値を求めよ．

2.8 $a \in \mathbb{R}$ に対して，$|z^a| = |z|^a$ であることを証明せよ．

2.9 実関数 $f(x) = \cos x$ は，閉領域 $-\pi \le x \le \pi$ の内部 $x = 0$ で最大値 $f(0) = 1$ をとる．この関数の複素数版 $f(z) = \cos z$ を閉領域 $|z| \le \pi$ で考えると，$|f(z)|$ の最大値は領域の境界上で与えられることを証明せよ．また，最大値を与える複素数を求めよ．

2.10 例題 2.4 で，閉領域で定義された正則関数 $f(z)$ について，その絶対値 $|f(z)|$ の最大値が領域の境界上で与えられるという事実をみた．実は，このことは一般に成り立つ．しかし，$|f(z)|$ の最小値については，この事実は成り立たない．そのような，$|f(z)|$ の最小値が閉領域の内部の点で与えられるような例を挙げよ．

2.11 複素関数 $f(z) = u(x,y) + iv(x,y)$ の実部 $u(x,y)$，虚部 $v(x,y)$ の最大値と最小値を次の各場合で求めよ．ただし，いずれの場合も関数は閉領域 $|z| \le 1$ で定義されているとする．

（1） $f(z) = z^2$ （2） $f(z) = \dfrac{1}{z-2}$

Chapter 3
複素関数の微分

微分とは，変数が少し変化したときに関数がどれほど変化するか，その応答を調べるためのツールであった．微分の重要性に疑いはないだろう．この Chapter では，これの複素数版を考えてみよう．

Chapter 3 のストーリー

3.1 節 まず，複素関数の微分を実関数論のアナロジーから"形式的に"定義する．複素関数にはグラフの概念がなく，"微分 = 接線の傾き"とは定義できないからである．その上で，ともあれ微分可能性を議論しておく．

3.2 節 本節で，複素微分可能であるための一般的条件が判明する．読者には，実関数の場合，そのような一般的条件など存在しなかったということを事前に思い出しておいて欲しい．

3.3 節 ここでは，複素関数の微分について深い理解を得るべく，もう少し攻め込んでみる．まず 3.3.1 項で，それが「関数が滑らかである」という要請に加え，「2 変数関数の 1 変数関数化」に相当する追加条件を課していることが判明する．そして，この解析によって，微分可能性の簡便な判定法が得られる．続く 3.3.2，3.3.3 項では，この追加条件を実関数の場合に課すと何が起こるのかを調べる．この 2 つの項目は最初はスキップしても構わない．

3.4 節 この節では用語の説明を行う．"正則"と"特異点"の概念について，正確な理解を得てほしい．

3.5 節 最後の節で，ようやく，微分可能であることの実質的意味を調べる．複素関数の微分は，実関数のそれの単なる形式的アナロジーではない．「写像が滑らかに，そして等質的に繋がる」ための条件である．これがわかると，"等角写像"と"解析接続"の概念が直観的に理解できるようになる．これらの内容は以降の節で必要ではないため，最初はスキップしても構わない．

3.1 定義と計算法

まず，実関数の場合（0.1.1 項の内容）を思い出そう．実関数 $f(x)$ を微分するとは，変数をある点 x から Δx だけ微小変化させたときの関数の 1 次の応答 $\Delta f(x) = K(x) \Delta x$ を調べることであった．特に Δx によらずに係数 $K(x)$ が一意に決まるなら $f(x)$ は x で微分可能であるといい，$K(x) = df(x)/dx$ を微分係数とよぶのであった．

上記の事項を拡張し，複素関数 $f(z)$ の微分（以後，本書では複素微分ともいう）を議論したい[1]．その自然な出発点は，「実関数の場合と同じ定義をとる」というものであろう．つまり，ある点 $z \in \mathbb{C}$ に注目し，そこから変数を微小量 Δz だけ変化させる．すると関数値は $\Delta f(z) = f(z + \Delta z) - f(z)$ だけ変化する．これらを線形関係

$$\Delta f(z) = K(z) \Delta z \tag{3.1}$$

で結び付ける．この係数 $K(z)$ が Δz によらず一意に決定されるとき，それを微分係数とよぶのである．以下で正確に定義しよう．

定義 3.1

複素関数 $f(z)$ について次の極限値が一意に定まるとき，$f(z)$ は点 $z \in \mathbb{C}$ において**複素微分可能**であるという．

$$\lim_{\Delta z \to 0} \frac{f(z + \Delta z) - f(z)}{\Delta z}, \quad \Delta z \in \mathbb{C} \tag{3.2}$$

このとき，極限値を

$$\frac{df(z)}{dz} = \lim_{\Delta z \to 0} \frac{f(z + \Delta z) - f(z)}{\Delta z}$$

と表し，$f(z)$ の**微分係数**とよぶ．

この定義は，実 1 変数関数の場合の定義（0.3）の自然な拡張にみえる．

---

[1] ここで，2.1 節の後半で説明した事項を思い出そう．定義変数として z しか明示していないが，一般には，f は z と $\bar{z}$ の関数である．

3.1 定義と計算法

しかし，それとは大きな違いがある．微小量 $\Delta z \in \mathbb{C}$ は複素平面上のベクトルで表すことができる．(3.2) 式の極限は，この長さをゼロにもっていくというものである．そして注意すべきことに，定義の (3.2) は，Δz のゼロへの近づき方について特に何の規定もしていない．つまり，**どのような動き方で $\Delta z \to 0$ となってもよいのである**．$\Delta z \neq 0$ を直線的にゼロに近づけてもよいし，あるいは旋回しながらゼロに近づけてもよい（図 3.1）．この動き方によらず，(3.2) 式の極限値が一意に定まるというのは少々厳しい条件にみえる．実際そのとおりなのであって，後々判明するのだが，この厳しい条件をクリアした微分可能な関数というのは，複素関数の中でも特に素晴らしい性質を有するエリートである．

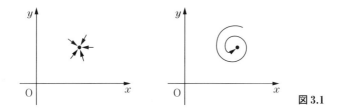

図 3.1

― 〈例題 3.1〉 ―

定義 3.1 に従って，次の複素関数の微分可能性を調べよ．
（1） $f(z) = z^2$ （2） $f(z) = |z|^2$

〈解〉 この解答に限り，表記の便宜上 $\Delta z = h$ と表す．
（1） 定義式 (3.2) の右辺は次のように計算される．
$$\lim_{h \to 0} \frac{(z+h)^2 - z^2}{h} = \lim_{h \to 0} \frac{2hz + h^2}{h} = \lim_{h \to 0} (2z + h) = 2z$$
つまり，すべての $z \in \mathbb{C}$ で極限値が一意に定まる．ゆえに，$f(z)$ は任意の z で微分可能で，その微分係数は
$$\frac{df(z)}{dz} = 2z$$

である．計算法と結果のいずれも，実1変数関数の場合と全く同じであることに注意しよう．

（2） 同じく定義式 (3.2) の右辺を計算すると，次式のようになる（$|z|^2 = z\bar{z}$ に注意する）．

$$\lim_{h \to 0} \frac{|z+h|^2 - |z|^2}{h} = \lim_{h \to 0} \frac{(z+h)(\bar{z}+\bar{h}) - z\bar{z}}{h} = \lim_{h \to 0} \left(\bar{z} + \bar{h} + z \cdot \frac{\bar{h}}{h} \right)$$

第2項は $h \to 0$ のとき $\bar{h} \to 0$ なので，ゼロに収束する．問題は第3項である．いま，$h = |h|e^{i\theta}$ と極座標表示しておく．このとき，$h \to 0$ は $|h| \to 0$ を意味する．一方で，h はどのようにゼロに近づいてもよいので，θ は任意である．すると，

$$\frac{\bar{h}}{h} = \frac{|h|e^{-i\theta}}{|h|e^{i\theta}} = e^{-2i\theta}$$

となり，θ の自由度が残ってしまう．つまり，もとの式に戻ると

$$\lim_{h \to 0} \frac{|z+h|^2 - |z|^2}{h} = \bar{z} + ze^{-2i\theta}$$

ということになり，結局，極限値が一意に定まらないことがわかる．すなわち，$f(z) = |z|^2$ は微分可能ではない．しかも，すべての $z \in \mathbb{C}$ において，である．◆

上の事実は，実関数の場合と極めて対照的である．実際，$z = x + iy$ と表すと $f(z) = |x+iy|^2 = x^2 + y^2$ であり，これは直観的にも"滑らか"な関数である．つまり一般に，**複素関数は，滑らかであっても微分可能とは限らない**．例題 3.1 の直前で述べたとおり，実際，複素関数が微分可能であることは，実関数の場合と比べてはるかに厳しい条件なのである．

問題 3.1 次の複素関数は微分可能か．定義式 (3.2) を用いて調べよ．

(1) $f(z) = \dfrac{1}{z}$ (2) $f(z) = \bar{z}^2$ (3) $f(z) = e^z$

3.2 コーシー - リーマン（CR）関係式

どのような複素関数が微分可能なのだろうか．この問いは，実関数が相手であるときは意味をなさなかった．ケースバイケースであり，$f(x) = |x|$

3.2 コーシー–リーマン (CR) 関係式

のような微分不可能な点をもつ関数がある，という以上の結論が出ないからである．しかし複素関数の場合，微分可能であるための一般的条件が存在するのである．

まず $f(z)$ を，(2.1) 式で示したように，2つの実関数 $u(x,y)$, $v(x,y)$ を用いて $f(z) = u(x,y) + iv(x,y)$ と表しておく．複素微分可能であるための条件は，(3.1) 式つまり $\Delta f(z) = K(z)\Delta z$ を満たす $K(z)$ が，微小量 $\Delta z = \Delta x + i\Delta y$ によらず一意に定まることであった．この Δf を2通りに表そう．1つ目は，上の2つの式から

$$\Delta f = K\Delta z = K(\Delta x + i\Delta y) = K\Delta x + (iK)\Delta y$$

である．2つ目の表現は次のようになる．すなわち，実2変数関数の全微分の公式 (0.14) から，微小量 Δx, Δy に対して次式が成り立つ．

$$\Delta f = \Delta u + i\Delta v = \frac{\partial u}{\partial x}\Delta x + \frac{\partial u}{\partial y}\Delta y + i\left(\frac{\partial v}{\partial x}\Delta x + \frac{\partial v}{\partial y}\Delta y\right)$$
$$= \left(\frac{\partial u}{\partial x} + i\frac{\partial v}{\partial x}\right)\Delta x + \left(\frac{\partial u}{\partial y} + i\frac{\partial v}{\partial y}\right)\Delta y$$

いま，$f(z)$ が微分可能とする．このとき，Δx, Δy によらず K が一意に決定されている．ゆえに，上の2式の Δx, Δy の係数を等しいとおくと，

$$iK = \frac{\partial u}{\partial y} + i\frac{\partial v}{\partial y} = i\left(\frac{\partial u}{\partial x} + i\frac{\partial v}{\partial x}\right)$$

を得る．さらに，この式の実部，虚部がそれぞれ等しいので，結局，

$$\frac{\partial u}{\partial x} - \frac{\partial v}{\partial y} = 0, \qquad \frac{\partial u}{\partial y} + \frac{\partial v}{\partial x} = 0 \tag{3.3}$$

を得る．これは**コーシー–リーマン (CR) 関係式**とよばれ，上では必要条件の形で導出したが，実際は必要十分条件である．

定理 3.1

複素関数 $f(z) = u(x,y) + iv(x,y)$ が z の近傍で微分可能であるための必要十分条件は，CR 関係式 (3.3) が成立することである．

■■■〈例題 3.2〉■■■

次の複素関数が微分可能かどうか，CR 関係式を用いて調べよ．

(1) $f(z) = z^2$　　(2) $f(z) = |z|^2$

〈解〉(1) 前節で判明したとおり，この関数はすべての z で微分可能である．それを CR 関係式を用いて確認しよう．$f = (x+iy)^2 = (x^2 - y^2) + 2ixy$ より，$u = x^2 - y^2$, $v = 2xy$ である．ゆえに，

$$\frac{\partial u}{\partial x} - \frac{\partial v}{\partial y} = 2x - 2x = 0, \qquad \frac{\partial u}{\partial y} + \frac{\partial v}{\partial x} = -2y + 2y = 0$$

のように CR 関係式が成り立つ．したがって，$f(z)$ はすべての z で微分可能である．

(2) $f(z) = |x+iy|^2 = x^2 + y^2$ なので，$u = x^2 + y^2$, $v = 0$ である．ゆえに，

$$\frac{\partial u}{\partial x} - \frac{\partial v}{\partial y} = 2x - 0 = 2x, \qquad \frac{\partial u}{\partial y} + \frac{\partial v}{\partial x} = 2y + 0 = 2y$$

で，これらは一般にはゼロではない．したがって，$f(z)$ は微分不可能である．◆

問題 3.2 次の複素関数が微分可能かどうか，CR 関係式 (3.3) を用いて調べよ．

(1) $f(z) = \dfrac{1}{z}$　　(2) $f(z) = \bar{z}^2$　　(3) $f(z) = e^z$

(4) $f(z) = z \sin z$

3.3 複素微分の再考

ここでは，複素微分可能であることの定義を再考してみよう．形式的には問題なさそうなのだが，違和感がある．実際，問題 3.1 の直前に述べたように，複素微分可能であることと，関数が"滑らか"であることは，異なる概念である．この違いの起源は何であろうか．

3.3.1 コーシー－リーマン（CR）関係式の別表現

定義 3.1 では，実関数の場合の**自然と思われる**アナロジーとして複素関数 $f(z)$ の微分を定義した．しかし実は，この定義は以下に述べる意味で自然

3.3 複素微分の再考

ではないのである.

定義のポイントは, Δz が xy 平面上でどのような動き方でゼロに向かってもよい, というものであった. xy 平面上での関数の振る舞いを考えているということは,「f を独立変数 x, y の関数とみている」ということと等価である. すると 2.1 節で述べたように, この場合は複素関数は $f(z, \bar{z})$ のように独立変数 $z, \bar{z}$ の関数としてみるべきものとなる. そうなると, $f(z, \bar{z})$ の微小変化は

$$\Delta f = \frac{\partial f}{\partial z}\Delta z + \frac{\partial f}{\partial \bar{z}}\Delta \bar{z} \tag{3.4}$$

のように, 全微分で表されなければならない. 微分可能であるという条件 (3.1) は,「Δf が Δz に比例する」というものであった. つまり,

$$\frac{\partial f}{\partial \bar{z}} = 0 \tag{3.5}$$

が, 複素微分可能であるための必要十分条件である.

要するに, **関数 f を独立変数 $z, \bar{z}$ で表したとき, $\bar{z}$ が含まれていなければ, f は複素微分可能である**. この事実は, **複素微分可能であるという条件が,「関数が滑らかである」ということ以上の強い要請である**ことを示している. 実際, 滑らかさだけが要請されているのであれば, 単に $\partial f/\partial z$ と $\partial f/\partial \bar{z}$ が連続であればよい.(例えば, $f(z) = |z|^2$ は確かにこの意味で滑らかな関数になっている.)しかし, 複素微分可能であるためには, $\partial f/\partial \bar{z}$ はさらにゼロでなければならない. このギャップが"違和感"の正体である. 複素関数論においてこの追加条件がいかに重要であるかは, おいおい明らかになっていく.

さて, 当然, (3.3) 式と (3.5) 式は一致しなければならない. このことを確認しよう. まず, $(z, \bar{z})$ と (x, y) は (2.2) 式で関係付けられる. これより, $f(x, y) = u(x, y) + iv(x, y)$ に注意すると

$$\frac{\partial f}{\partial \bar{z}} = \frac{\partial f}{\partial x}\frac{\partial x}{\partial \bar{z}} + \frac{\partial f}{\partial y}\frac{\partial y}{\partial \bar{z}} = \frac{1}{2}\left(\frac{\partial f}{\partial x} + i\frac{\partial f}{\partial y}\right)$$
$$= \frac{1}{2}\left(\frac{\partial u}{\partial x} + i\frac{\partial v}{\partial x} + i\frac{\partial u}{\partial y} - \frac{\partial v}{\partial y}\right)$$

を得る.CR 関係式は上式の右辺がゼロであることを意味するので,結局,それは (3.5) 式と等価である.さらに,(3.4) 式の Δz の比例係数を微分係数 $K = df/dz$ と定義しているのであるから,$df/dz = \partial f/\partial z$ である.

以上の結果をまとめておこう.

定理 3.2

複素関数 $f(z)$ が z の付近で微分可能であるための必要十分条件は,それを独立変数 $z, \bar{z}$ で表したときに (3.5) 式が成立すること,つまり $\bar{z}$ が含まれていないことである.

これは,CR 関係式よりはるかに簡単な微分可能性の判定法であり,今後も積極的に使っていくことにする[2].実際,いまや,CR 関係式を使わなくても関数の微分可能性は直ちに判定できるようになったのである.

〈例題 3.3〉

次の複素関数は微分可能か.

(1) $f(z) = \dfrac{1}{z}$ (2) $f(z) = \bar{z}^2$ (3) $f(z) = e^z$

(4) $f(z) = z \sin z$

〈解〉(1) 関数を独立な 2 変数 $z, \bar{z}$ の関数 $f(z, \bar{z})$ とみると,これは $\bar{z}$ を含んでいないので,原点 $z = 0$ を除いて関数は微分可能である.

(2) 関数は $\bar{z}$ を含んでいるので,全領域 $\mathbb{C}$ で関数は微分不可能である.

---

[2] あくまでも "微分可能性の判定条件として" CR 関係式より有用といっていることに注意されたい.CR 関係式は (u, v) と (x, y) で表された条件であり,微分可能な関数の複素平面上の振る舞いに多くの情報を与える.この Chapter の演習問題で,このことが理解できるはずである.あるいは,「実 2 変数関数から微分可能な複素関数をつくる」という状況で役に立つ(これについては演習問題 3.3 および 3.4 を参照).

（3） e^z の定義は (2.4) 式であった．これを独立な 2 変数 $z, \bar{z}$ の関数 $f(z, \bar{z})$ とみると，$\bar{z}$ が含まれていないので，全領域 $\mathbb{C}$ で関数は微分可能である．

（4） $\sin z$ の定義は (2.5) 式であった．ゆえに（3）と同じ理由で，関数は全領域 $\mathbb{C}$ で微分可能である． ◆

☆3.3.2 実 2 変数関数に複素微分可能の条件を課すとどうなるか

$f(z)$ が z で微分可能であるとき，あらゆる方向への微小変化 Δz に対して，関数の微小変化は $\Delta f = K \Delta z$ で与えられる．つまり，微分係数 $K = df/dz$ は，z の周辺で一様である．**微分係数が方向によらない！** これは，0.2 節で議論した実 2 変数関数の場合と極めて対照的であるようにみえるが，2 つのトリックがある．

1 つ目は，**追加条件（3.5）を課して，関数の微小変化 Δf がただ 1 つの変数の微小変化 Δz に比例するようにしている**というものである．もしこの追加条件を課さなければ，関数の微小変化は (3.4) 式となり，当然その微分係数は方向に依存する．そして 2 つ目は，**Δz が平面のあらゆる方向に変化できる**というものである．

上の議論はわかりにくいと思う．状況を明確にするべく，実 2 変数関数で同じことをやってみよう．まず，実 2 変数関数 $g(x, y)$ の全微分は

$$\Delta g = \frac{\partial g}{\partial x} \Delta x + \frac{\partial g}{\partial y} \Delta y$$

であるが，これに追加条件

$$\frac{\partial g}{\partial y} = 0 \tag{3.6}$$

を課す．これが複素微分可能であることの定義に相当する．これでめでたく，Δg がただ 1 つの変数の微小変化 Δx に比例するようになった．しかし，アナロジーが通用するのはここまでである．Δx は平面のあらゆる方向には変化できない！ つまり，変数が「2 次元的性質をもっている」複素数であることがポイントであったのである．

そこで方針を変えて，実2変数関数をあえて複素変数 z, $\bar{z}$ を用いて表してみる．すなわち，(2.2) 式より関数を

$$g(x,y) = g\left(\frac{z+\bar{z}}{2}, \frac{z-\bar{z}}{2i}\right) = G(z,\bar{z})$$

と表す（真ん中の項を右辺の $G(z,\bar{z})$ で表しましょう，という意味）．すると，この全微分は

$$\Delta G = \frac{\partial G}{\partial z}\Delta z + \frac{\partial G}{\partial \bar{z}}\Delta \bar{z}$$

となる．これに追加条件 $\partial G/\partial \bar{z} = 0$ を課せば ΔG が Δz に比例するようになり，一方で Δz はあらゆる方向に変化できるので，微分係数が方向によらなくなる！しかし残念ながら，この追加条件は"強すぎる"のである．実際，この条件を明示的に書き下すと

$$\frac{\partial G}{\partial \bar{z}} = \frac{\partial G}{\partial x}\frac{\partial x}{\partial \bar{z}} + \frac{\partial G}{\partial y}\frac{\partial y}{\partial \bar{z}} = \frac{1}{2}\left(\frac{\partial G}{\partial x} + i\frac{\partial G}{\partial y}\right) = \frac{1}{2}\left(\frac{\partial g}{\partial x} + i\frac{\partial g}{\partial y}\right) = 0$$

となるので，これは $\partial g/\partial x = 0$, $\partial g/\partial y = 0$ を課すことを意味する．つまり，$g(x,y)$ は定数関数となってしまう．定数関数の微分係数が方向によらないのは当たり前である．

問題 3.3 複素関数論では，追加条件を課すことで微分可能性を定義し，方向によらない微分係数を実現することができた．しかし上でみたように，これと同じことを実2変数関数で行うと，自明な結果が出てきてしまう．複素関数論で，非自明な微分可能関数が現れる理由は何か．

☆ 3.3.3　コーシーの積分定理の実2変数関数版

話が脱線してしまうが，良い機会なので，積分について考察を深めたい．話の流れ上，ここに配置してあるが，本項は Chapter 4 の学習後に参照してほしい．

次の Chapter 4 で，コーシーの積分定理というものが示される．それは「複素関数が微分可能であるとき，その線積分が経路によらなくなる」とい

うものである．一方で我々は，前項で実2変数関数の場合の複素微分可能に相当する条件を得ている．そこで，「この条件のもとでは，実2変数関数に対してコーシーの積分定理に相当するものが成り立つのではないか」という疑問が湧く．

実2変数関数 $g(x,y)$ を考えよう．そして，複素微分可能に相当する条件として (3.6) 式を課すと，$g(x,y)$ は変数 y を含まない実関数，つまり x を変数とする "2次元平面上の" 実1変数関数 $g(x)$ になる．ここで，線積分

$$\int_C g(x,y)\,dx \quad (C \text{ の始点} = (x_P, y_P),\ C \text{ の終点} = (x_Q, y_Q))$$

を考えると，いま $g(x,y) = g(x)$ であるから，この線積分は単に x に関する1変数の定積分

$$\int_{x_P}^{x_Q} g(x)\,dx$$

として計算される．この積分値は，当然，始点から終点への経路に依存しない！

結局わかったことは，**実2変数関数に対して複素微分可能に相当する条件を課すと，その線積分は経路に依存しなくなる**，ということである．つまり，コーシーの積分定理の実関数版が成り立つ．

3.4 正則関数と特異点

複素関数が微分可能であることは複素関数論全般において極めて重要であるため，次のような特別な名称が付いている．

定義 3.2

複素関数 $f(z)$ が複素平面上の領域 D 内のすべての点において微分可能であるとき，「$f(z)$ は D で**正則**である」という．

これに関連して，2.5 節で少し触れた "特異点" の概念を正確に定義することができる．

定義 3.3

複素関数 $f(z)$ が点 $b \in \mathbb{C}$ において正則でないとする。一方で、領域 $0 < |z-b| \leq \varepsilon$ で $f(z)$ が正則であるとき、b を**孤立特異点**とよぶ。ただし、ε は適当な正の実数である。

$0 < |z-b| \leq \varepsilon$ は、中心 b、半径 ε の円型閉領域から中心を除いた領域である（図 3.2）。半径 ε は $f(z)$ が領域内で正則である限り大きくとることができる。なお、本書では孤立特異点しか扱わないため、今後、単に"特異点"といったら、それは定義 3.3 で与えた孤立特異点を指すものとする。

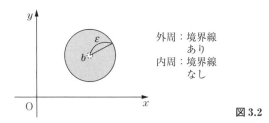

図 3.2

〈例題 3.4〉

次の関数はどのような領域で正則か。

(1) $f(z) = \dfrac{1}{(z-2)^3}$ (2) $f(z) = \dfrac{1}{z^6 - 1}$

(3) $f(z) = \dfrac{1}{(z+\bar{z})^2 + 1}$ (4) $f(z) = \tan z = \dfrac{\sin z}{\cos z}$

(5) $f(z) = e^{1/(z-1)^2}$

〈解〉 (1) $z = 2$ で関数は定義できず、他方、$z \neq 2$ であれば関数は $\bar{z}$ を含んでいないので正則である（定理 3.2 を思い出そう）。つまり、$z = 2$ は特異点である。なお、一般に $1/(z-b)^k$ $(k \geq 1)$ の形の有理関数について、**特異点** $z = b$ は k **位の極**とよばれる。いまの場合であれば、$z = 2$ は 3 位の極である。

(2) 分母の多項式 $z^6 - 1 = 0$ は 6 個の解 $z = e^{n\pi/3}$ $(n = 0, 1, \cdots, 5)$ をもち、

3.4 正則関数と特異点

この点で $f(z)$ は発散する．一方で $f(z)$ は $\bar{z}$ を含んでおらず，ゆえにこれら 6 個の特異点を除き，関数は正則である．

なお，次のように考えることもできる．それは，「この 6 点をまとめて 1 つの"進入禁止"の領域としてしまう」というアイデアである．例えば原点を中心とする半径 1.1 の円型開領域を進入禁止領域 $\tilde{D}$ とすると，これは内部に 6 個の特異点を含む（図 3.3）．そして，"複素平面上から $\tilde{D}$ をくり抜いた領域"で，$f(z)$ は正則である．

このように，**多数の特異点をまとめて進入禁止領域をつくる**と，例えば図 3.4 のような絵が描けるようになる．この図において，黒点は特異点を表す．そして，灰色の部分が進入禁止領域，それ以外が正則性の保証された領域である[3]．このような絵は複素積分における"経路の変形"という概念を説明するのに便利であり，その例は Chapter 4，5 でいくつか目にすることになる．

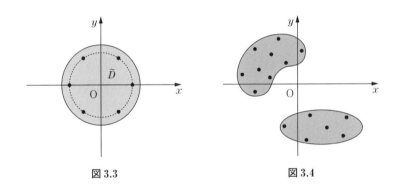

図 3.3　　　　　　　　　図 3.4

（3） $z = x + iy$ とおくと，関数は $f(z) = 1/(4x^2 + 1)$ と表せる．これの分母の多項式は常に正であり，関数が発散する点は存在しない．しかし，関数は $\bar{z}$ を含んでおり，複素平面の全領域で非正則である．

（4） $\sin z$ は正則なので，$\cos z = 0$ となる点が特異点である．それらは，問題 2.4 の（3）でみたとおり，$z = (n + 1/2)\pi$（n は整数）で与えられる．つまり，**特異点が無限個ある**．$f(z)$ は，これらの点を除いた領域で正則である．

---

[3] 演習問題 4.5 も参照．この問題で扱う関数は，ある開領域内のすべての点で関数が非正則，それ以外の領域で関数が正則であるというものである．

（5） 指数関数の定義から,

$$e^{1/(z-1)^2} = \sum_{n=0}^{\infty} \frac{1}{n!}\left\{\frac{1}{(z-1)^2}\right\}^n = \sum_{n=0}^{\infty} \frac{1}{n!(z-1)^{2n}}$$

となる．$z \neq 1$ であれば関数が定義でき，また正則であるため，$z = 1$ が特異点である．なお，（1）で k 位の極を定義したが，ここでの特異点は $k \to \infty$ とした場合に相当する．このような特異点は**真性特異点**とよばれ，いろいろと複雑な振る舞いを示す，たちの悪い特異点であることが知られている．本書では真性特異点は扱わない． ◆

☆3.5 正則関数の性質

3.3.1項で述べたとおり，複素微分可能であることは，複素関数にそれが滑らかである以上の強い拘束を課している．この拘束ゆえ，正則関数は多くの素晴らしい性質をもつ．本節では，それらのうちいくつかをみていこう．

3.5.1 写像としての微分係数

複素関数 $f(z)$ が，注目点 z の周りで正則であるとしよう．このとき，変数が Δz だけ微小変化すると，関数は $\Delta f = K \Delta z$ だけ微小変化する．K は Δz によらずに一意に決まり，それを微分係数 $K = df/dz$ とよぶのであった．ここで，この微小変化の関係式を，「$\Delta z = \Delta x + i\Delta y$ という xy 平面上の微小複素数を，$\Delta f = \Delta u + i\Delta v$ という uv 平面上の微小複素数に**写像している**」とみる．するとこの写像の最大の特徴は，Δf が K と Δz の**掛け算**で与えられる，という点であることに気づく．そして定理 1.2 でみたとおり，複素数の掛け算は "作用する" という意味をもっている．

定理 1.2 をいまの場合に即して表現すると次のようになる．Δz に $K = |K|e^{i\theta}$ を掛けるとは，Δz の長さ（絶対値）を $|K|$ 倍し，偏角を θ 回転するという作用を行うことと同じである（ここで，$\theta = \arg(K)$ である）．つまり一般に，**微分係数は，xy 平面上の微小複素数 Δz を拡大/縮小・回転して uv 平面上の微小複素数 Δf に写像する**のである（スラッシュ "/" は "または"

の意味である）．これが，微分係数の，写像としての意味である．

例として，おなじみの $f(z) = z^2$ を考えよう．これの微分係数は $K = df/dz = 2z$ であり，ゆえに変数が Δz だけ微小変化したら関数は $\Delta f = 2z\Delta z$ だけ微小変化する．特に注目点 z を $z = |z|e^{i\theta}$ と極座標表示すれば，微分係数は $K = df/dz = 2|z|e^{i\theta}$ となるので，これは「Δz の長さを $2|z|$ 倍し，偏角を θ 回転する」という写像である．

例えば xy 平面上の点 $z = i$ に注目すると，この点からの微小変化 Δz は uv 平面上の点 $f(i) = i^2 = -1$ からの微小変化 $\Delta f = 2i\Delta z$ に写像される．つまり，Δz は長さが 2 倍され，偏角が 90°回転する．**Δz がどの方向に変化しても，この変換を一様に受ける**．図 3.5 では，注目点が $z = i$ の場合（三角印）の他，$z = 1$ の場合（丸印），$z = 1 + i$ の場合（四角印）を示している．いずれの場合でも Δz は虚軸方向に変化しているが，注目点によってそれが受ける変化が異なることがわかる．

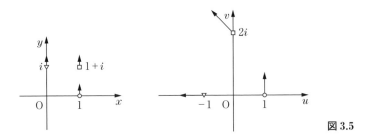

図 3.5

上で判明した正則関数の重要な性質は，一般の場合でも成り立つ．すなわち，Δz は**一様に**変換 K を受けて $\Delta f = K\Delta z$ に写像されるのである．つまり，Δz が注目点 z からどの方向にどの長さだけ微小変化しても，それは**一定の割合で拡大/縮小され，一定の角度で回転される**．図 3.6 で示すように，「z を中心とする微小な円盤が，一定の割合で拡大/縮小・回転され，中心 $f(z)$ の微小な円盤に写像される」といってもよい．**円盤が楕円になったり，線分につぶれたりすることはない**．もちろん，その割合は一般には注目点 z

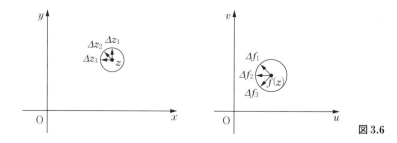

図 3.6

に依存する．先の例の場合，$z = i$ では長さの拡大率が 2，偏角の回転角が $90°$ であったが，$z = 1/2$ では長さの拡大率が 1，偏角の回転角が $0°$ である．

図 3.7 は，xy 平面を小さい微小円盤で埋め尽くし（左図），それらが uv 平面にどのように写像されるかのイメージを描いたものである（右図）．円は場所に応じて異なる変換を受けるが，隣接する任意の 2 つの円盤が受ける変換は近寄っている．つまり，それらは滑らかに繋が

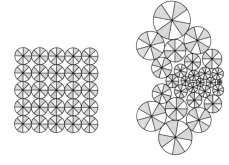

図 3.7

っている．そして上述のとおり，各円はその形（つまり円型であるという"質"）を等しく保持しながら変換される．この，各点各点が滑らかで等質的な変換を受ける様を実感してほしい！ これが，平面から平面への写像としての，正則関数の姿である．同時に，この描像が，微視的な視点，すなわち微分による解析を経て得られたことを強調しておきたい．

=== 〈例題 3.5〉 ===

複素関数 $f(z) = |z|^2$ は複素平面全域で正則ではない．注目点 z 付近の微小複素数が受ける変換を調べよ．

☆ 3.5 正則関数の性質

〈解〉 $z = x + iy$ に対して $f(z) = x^2 + y^2$ であるから、変数を注目点 (x, y) から $(\Delta x, \Delta y)$ だけ微小変化させると、関数は

$$\Delta f = \frac{\partial f}{\partial x}\Delta x + \frac{\partial f}{\partial y}\Delta y$$
$$= 2x\Delta x + 2y\Delta y$$

だけ微小変化する。ここで、点 $z = i$、つまり $(x, y) = (0, 1)$ に注目すると $\Delta f = 2\Delta y$ である。このとき例えば、変数が $(0, 1)$ 方向に微小変化する（つまり、$\Delta x = 0$, $\Delta y = \Delta t$ のように微小変化する）と、微分係数は 2 である。一方で、変数が $(1, 0)$ 方向に微小変化（つまり、$\Delta x = \Delta t$, $\Delta y = 0$ のように微小変化）しても関数は全く変化せず、微分係数はゼロである。これは 0.2.3 項の例で調べた状況と全く同じである。つまり、**この関数の微分係数は、変数が変化する方向に依存する**。いいかえると、微分係数は注目点の周りで一様ではない。

上の状況は $z = re^{i\theta}$、すなわち $x = r\cos\theta$, $y = r\sin\theta$ と極座標表示してみれば、より明らかになる。実際、このとき $f(z) = r^2$ となり、ゆえに r の微小変化 Δr には関数は反応するが、θ の微小変化 $\Delta\theta$ には関数は無反応である。これは当然で、$f(z) = r^2$ ということは $u = r^2$, $v = 0$ を意味するので、つまり xy 平面上での半径 r の円が、uv 平面での 1 点 $(r^2, 0)$ につぶされてしまうのである。そして図 3.8 で示すとおり、点 $z = re^{i\theta}$ を中心とする微小円盤は、$(r^2, 0)$ を含む微小線分につぶされる。

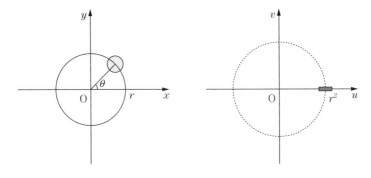

図 3.8

◆

問題 3.4 複素関数 $f(z) = z + \bar{z}$ について，注目点 z 付近の微小複素数が受ける変換を調べよ．

3.5.2 等角写像・高階微分・解析接続の直観的理解

前項の結論の要点は，「複素関数 $f(z)$ が z の周りで正則であるとき，xy 平面上の微小複素数 Δz は，方向と大きさによらず，一様に拡大/縮小・回転の変換を受けて uv 平面上の微小複素数 $\Delta f = K\Delta z = (df/dz)\Delta z$ に写像される」ということであった．この事実を用いると，正則関数が有する極めて強い性質のいくつかについて直観的な理解が得られる．特にここでは，

　　　　（Ⅰ）等角写像　　（Ⅱ）高階微分の存在　　（Ⅲ）解析接続

の3つについて，そのような直観的理解を試みる．詳しい説明は，（Ⅰ），（Ⅲ）については付録で，（Ⅱ）については次の Chapter 4 で与える．

（Ⅰ）等角写像

xy 平面上の微小複素数 Δz_1 と Δz_2 を考えると，これらは**同じ角度だけ回転し**て uv 平面上の微小複素数 $\Delta f_1 = K\Delta z_1$ と $\Delta f_2 = K\Delta z_2$

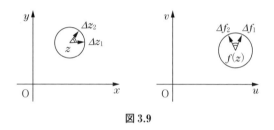

図 3.9

に写像される．ゆえに図 3.9 で示すとおり，Δz_1 と Δz_2 のなす角度と Δf_1 と Δf_2 のなす角度は等しい．つまり，xy **平面上の2つの微小複素数は，それらのなす角度を保ったまま** uv **平面に写像される**．これが，「正則関数が等角写像である」ということの意味である．ただし，これは $K \neq 0$ での話である．そうでないときは別途注意が必要である（付録の問題 A.1 を参照）．

（Ⅱ）高階微分の存在　　前項での議論から，正則関数 $f(z)$ は，注目点 z を中心とする xy 平面上の微小円盤を，一定の割合で拡大/縮小・回転させて，$f(z)$ を中心とする uv 平面の微小円盤に写像する．この拡大/縮小・回転の割合が微分係数 $K(z)$ である．ここで，注目点 z を少しずらして

☆3.5 正則関数の性質

$z + \Delta z$ に移動してみよう．そして，この点においても微小円盤をつくると，これは割合 $K(z + \Delta z)$ で拡大/縮小・回転され，$f(z + \Delta z)$ を中心とする uv 平面上の微小円盤に写像される[4]．

さて，いま我々は"割合の変化"，すなわち2階微分 $K(z + \Delta z) - K(z)$ に興味がある．これは，果たして

$$K(z + \Delta z) - K(z) = L\Delta z$$

のような形で表せるものであろうか．つまり，「2階微分係数 L は変数をずらす方向 Δz に依存せず，かつ一意に決まる」と期待しているわけであるが，これは直観的にそうであるといえよう．実際，図3.10で示すとおり，上述の2種類の微小円盤は多くの共有点をもっているので，微小円盤がずれる方向に依存して拡大/縮小・回転の割合が変化してしまっては，それらの共有点が受ける変化が一意に定まらなくなってしまうのである．

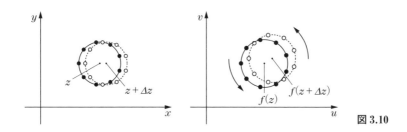

図3.10

このようにして，2階微分係数 L が Δz によらずに存在すること，つまり複素微分の意味で存在することが直観的に理解できる．さらに，3階微分係数については $L(z + \Delta z) - L(z)$ に上と同じ議論を適用すればよい．

以上のように，**正則関数は，それにはもともと1階微分の存在だけが要請されていたにもかかわらず，自動的に高階微分ができてしまうのである．**

---

4) $K(z)$ は Δz に依存しないのでは？と考えられたと思う．$f(z) = z^2$ の場合，$f(z + \Delta z) - f(z) = 2z\Delta z + (\Delta z)^2$ であり，これの Δz の係数が $K(z)$ である．つまり，$K(z) = 2z$．ゆえに，$K(z + \Delta z) = 2(z + \Delta z)$ となる．

(Ⅲ) **解析接続**　複素関数 $f(z)$ が領域 D_0 で定義されていて，そして正則であるとする．この定義域を「$f(z)$ の正則性を保ったまま拡げよう」というのが**解析接続**である．

まず，D_0 の境界ぎりぎりのところに点 z をとる（図3.11）．この点から D_0 の**内側に向かって**変数を微小変化させると，関数は $\Delta f = K \Delta z$ だ

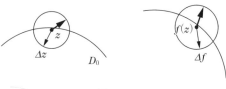

図 3.11

け微小変化する．これで，変化率 $K = df/dz$ が判明する．次に，$f(z)$ の正則性を保ったまま D_0 の**外側に向かって**変数を微小変化させると，「微小変化の変換則は z の周りで一様でなければいけない」というのが正則であることの条件であったので，D_0 の外側のどの方向に向かおうが，関数は $\Delta f = K \Delta z$ だけ微小変化する．いいかえると，D_0 の少し外側の領域で，関数は $f(z + \Delta z) = f(z) + K \Delta z$ という値をとる．

そしてここが重要なのであるが，（Ⅱ）でみたとおり，正則関数においては2階以上の高階複素微分が一意に存在するので，以上の議論から，**これら高次オーダーの関数値も内側から外側へ，強制的に決まっていくのである**．そしてその結果，外側の関数値は誤差なく，完全に決まってしまう．これは，単に1階微分だけが保証されている実関数にはみられなかった強い性質である[5]．0.1.1項で我々は「微分可能であると "情報" が伝わっていく」という理解の仕方を学んだが，これの最も強い状況が起こっているのである．

このように，「関数に正則性を要求しながら定義領域を拡大していくと，関数は一意的に決まってしまう」というのが解析接続である．

5）1変数実関数の場合を考えよう．$D_0 = \{x | x \leq 0\}$ において $f(x) = 0$ であるとする．この関数を，1階微分可能性を要求しながら $\mathbb{R}$ 全域へ拡張したい．そのような関数は，$x = 0$ で微分値がゼロであればよいので，$f(x) = x^2$ $(x \geq 0)$，$f(x) = x^3$ $(x \geq 0)$ などいろいろ考えられる．つまりこの場合，D_0 における高階微分の情報は，D_0 の外側に全く伝わっていかないのである．

演習問題

3.1 複素関数 $f(z)$, $g(z)$ がある領域で正則であるとき，この領域において次の関係が成り立つことを証明せよ．

（1） $\dfrac{d}{dz}(fg) = f'g + fg'$, 　（2） $\dfrac{d}{dz}\left(\dfrac{f}{g}\right) = \dfrac{f'g - fg'}{g^2}$

ただし，$f' = df/dz$, $g' = dg/dz$ である．

3.2 複素関数 $f(z) = u(x,y) + iv(x,y)$ が複素平面上のある領域で正則であるとする．

（1） u, v が次の偏微分方程式（**ラプラス方程式**）を満たすことを示せ．

$$\frac{\partial^2 u}{\partial x^2} + \frac{\partial^2 u}{\partial y^2} = 0, \qquad \frac{\partial^2 v}{\partial x^2} + \frac{\partial^2 v}{\partial y^2} = 0$$

一般に，ラプラス方程式を満たす関数を**調和関数**とよぶ．

（2） 関数が閉領域で定義されているとき，u, v の最大値と最小値は，いずれも領域の境界上で与えられることを証明せよ．（ヒント：演習問題 0.2 で復習したとおり，実2変数関数の停留点付近の振る舞いはヘッセ行列で特徴づけることができる．）

3.3 複素関数 $f(z) = u(x,y) + iv(x,y)$ が複素平面上の全領域で正則で，かつ実部が $u(x,y) = x^2 - y^2$ で与えられるものとする．このとき，虚部 $v(x,y)$ の関数形を決定せよ．

3.4 複素関数 $f(z) = u(x,y) + iv(x,y)$ が複素平面上の全領域で正則で，かつ実部が $u(x,y) = x^n$ で与えられるものとする（n は整数）．このとき，整数 n を特定し，虚部 $v(x,y)$ の関数形を決定せよ．

3.5 複素関数 $f(z) = u(x,y) + iv(x,y)$ から定まる2つの曲線 $u(x,y) = k_1$, $v(x,y) = k_2$ について考える．ただし，k_1, k_2 は実数定数である．例題 0.1 でみたとおり，これらには次の勾配ベクトルが付随して決まる．

$$\boldsymbol{g}_u = \left(\frac{\partial u(x,y)}{\partial x}, \frac{\partial u(x,y)}{\partial y}\right), \qquad \boldsymbol{g}_v = \left(\frac{\partial v(x,y)}{\partial x}, \frac{\partial v(x,y)}{\partial y}\right)$$

$f(z)$ が正則である領域内では，$\boldsymbol{g}_u$ と $\boldsymbol{g}_v$ が常に直交することを証明せよ．また，このことは何を意味するか，演習問題 2.2 に即して説明せよ．

3.6 複素関数 $f(z)$ の変数を極座標 $z = re^{i\theta}$ ($0 < \theta < 2\pi$) で表し，それにより $f(z) = f(re^{i\theta})$ の微分可能性を調べたい．

（1） 次の公式（偏微分の変数変換）を証明せよ．
$$\frac{\partial}{\partial x} = \cos\theta \frac{\partial}{\partial r} - \frac{\sin\theta}{r}\frac{\partial}{\partial \theta}, \qquad \frac{\partial}{\partial y} = \sin\theta \frac{\partial}{\partial r} + \frac{\cos\theta}{r}\frac{\partial}{\partial \theta}$$

（2） （1）の公式を用いて，次の関係式を証明せよ．
$$\frac{\partial}{\partial z} = \frac{e^{-i\theta}}{2}\left(\frac{\partial}{\partial r} - \frac{i}{r}\frac{\partial}{\partial \theta}\right), \qquad \frac{\partial}{\partial \bar{z}} = \frac{e^{i\theta}}{2}\left(\frac{\partial}{\partial r} + \frac{i}{r}\frac{\partial}{\partial \theta}\right)$$

（3） 複素対数関数は，極座標表示の定義域を $0 \leq \theta < 2\pi$ と制限し，主値をとることで1価関数 $\mathrm{Log}\, z = \log r + i\theta$ として表せる．これが，この定義領域内で正則であることを証明せよ．また，微分が次式で与えられることを証明せよ．
$$\frac{d}{dz}\mathrm{Log}\, z = \frac{1}{z}$$

（4） 複素累乗関数は，極座標表示の定義域を $0 \leq \theta < 2\pi$ と制限し，主値をとることで1価関数 $z^a = r^a e^{ia\theta}$ として表せる．ただし，a は複素数の定数である．これが，この定義領域内で正則であることを証明せよ．また，微分が次式で与えられることを証明せよ．
$$\frac{d}{dz}z^a = az^{a-1}$$

3.7 複素関数 $f(z) = u(x,y) + iv(x,y)$ が複素平面上のある領域で正則で，かつ絶対値 $|f|^2 = u^2 + v^2$ が定数であるとする．

（1） CR 関係式を用いて，関数 u, v が次の行列方程式を満たすことを示せ（ヒント：$u^2 + v^2$ を x または y で偏微分してみよ）．
$$\begin{pmatrix} u & -v \\ v & u \end{pmatrix}\begin{pmatrix} \dfrac{\partial u}{\partial x} \\ \dfrac{\partial u}{\partial y} \end{pmatrix} = 0$$

（2） $f(z)$ は定数関数であることを証明せよ．

3.8 複素関数 $f(z) = u(x,y) + iv(x,y)$ について，ある注目点 $z = (x,y)$ の周りでそれが正則であろうがなかろうが，変数の微小変化 $(\varDelta x, \varDelta y)$ に対する関数

の微小応答 $(\Delta u, \Delta v)$ を考えることができる．この線形変換を
$$\begin{pmatrix} \Delta u \\ \Delta v \end{pmatrix} = A \begin{pmatrix} \Delta x \\ \Delta y \end{pmatrix}$$
のように行列形式で表現する．

（1）関数が (x, y) の周りで正則であるとき，行列 A の性質を調べよ．

（2）正則でない関数として $f(z) = |z|^2$ を考えよう．この場合に行列 A を求め，その性質を調べよ．

3.9 複素平面上に，$z_A = 1$ で定まる点 A を1つの頂点とする正四角形を考える．他の頂点を，A から半時計回りに B，C，D と名付ける．この正四角形を複素関数 $f(z) = z^2$ で変換する．各頂点はそれぞれ A′，B′，C′，D′ に変換されるとする．特に，B に対応する複素数を $z_B = 1 + \alpha$ とする．

（1）線分 A′B′ と線分 A′D′ は直交しないことを証明せよ．このことは等角写像の原理に反するようにみえる．この矛盾を解消せよ．

（2）α が微小（つまり，α^2 が無視できるほどに小さい）であるとき，A′，B′，C′，D′ を頂点とする図形がどのようなものか調べよ．また，等角写像の原理が守られているか答えよ．

Chapter 4
複素関数の積分

　この Chapter のテーマは積分である．複素関数を対象とするとき，微分と積分の関係は実関数のそれと比べてはるかに密接であり，それはコーシーの積分定理という形ではっきりと示される．これは美しいばかりでなく，実際の計算で極めて有効に利用できる，複素関数論全般で最重要の定理である．

◦❀ Chapter 4 のストーリー ❀◦

4.1 節　まず，複素積分の定義を形式的に与える．後は多くの例題をとおして積分の計算法に慣れる，というのがこの節の趣旨である．4.1.4 項の積分と，そこで必要な"円上を動く点のパラメータ表示"だけは節を分けて特別扱いしてある．本節での作業自体は実関数のそれと全く同じであるため，できれば 0.3 節で軽く復習しておいて欲しい．ただし，「積分値が経路に依存しない」多数の例題に遭遇することになる．複素関数論ならではの隠れたメカニズムが出現しそうな雰囲気を味わおう．

4.2 節　この節で，そのメカニズムの正体が"コーシーの積分定理"であるという事実が明らかになる．最初は，グリーンの公式を用いる通常の証明法を読んで理解してほしい．4.2.2 項はスキップしても構わない．

4.3 節　積分値が経路に依存しなければ，経路は自由に変更できることになる．それにより，積分計算を劇的に簡単化することが可能になる．本節では，そのための典型的なテクニックについて述べる．同時に，積分値が"特異点"の特徴に集約されていく様を理解できるようになる．本節のハイライト (4.11) 式を，ぜひ正しく理解してほしい．

4.4 節　本節では，「実関数の定積分を，複素積分を利用して計算する」というアイデアについて述べる．これは複素関数論がもたらす大きなご利益の 1 つである．

4.5 節　最後に，"コーシーの積分公式"について述べる．これに基づいて，正則関数は何度でも微分可能であるという驚くべき事実が判明する．

4.1 定義と基本的な計算法

4.1.1 定　義

　複素関数が本質的に2変数関数であることは，これまでにみたとおりである．ゆえに0.3節で宣言したように，その積分は，複素平面上での線積分あるいは面積分として定式化することになる．特に重要なのが，以下に述べる"特定の形をもった"線積分であり，今後，複素積分あるいは単に積分といったら，それは複素関数の線積分を指すものとする．

　線積分であるから，向きをもった経路Cが与えられている．Cの始点を$\alpha \in \mathbb{C}$，終点を$\beta \in \mathbb{C}$としよう．次いでC上に点列$z_0 = \alpha, z_1, z_2, \cdots, z_{N-1}, z_N = \beta$をとり，$C$を$N$個に分割する（図4.1）．そして，$z_i$における関数値を足し合わせ，$N \to \infty$とする．

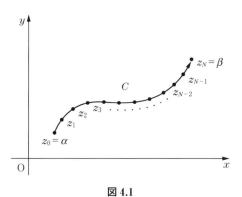

図4.1

　以上のアイデアは，実関数の場合のそれと全く同じである．この設定のもと，次の積分を考察しよう．

$$\int_C f(z)\,dz = \lim_{\Delta z \to 0} \sum_{i=0}^{N-1} f(z_i)\,\Delta z_i \qquad (4.1)$$

ここで$\Delta z_i = z_{i+1} - z_i$であり，$\Delta z \to 0$はすべての分点間の距離を無限小にもっていく極限を表す．

　複素積分の定義式 (4.1) は，一見，ごく自然である．しかし，注意して欲しい．我々は，実2変数関数のときの線積分 (0.19) ではなく，実1変数関数の積分 (0.4) のxを単にzにおきかえる形で複素積分を定義したのである！　実際，2.1節で述べたとおり，複素平面上で複素関数を取り扱うのであれば，それは2つの独立変数$z, \bar{z}$を用いて$f(z, \bar{z})$と書けるので，そうす

ると，定義式 (4.1)，つまりいまの場合

$$\int_C f(z, \bar{z}) \, dz = \lim_{\Delta z \to 0} \sum_{i=0}^{N-1} f(z_i, \bar{z}_i) \, \Delta z_i$$

がずいぶんと恣意的なものにみえてくるだろう．事実，例えば複素関数 $f(z) = f(x+iy) = u(x,y) + iv(x,y)$ に対して，その積分を $\int_C [u(x,y)\,dx + v(x,y)\,dy]$ と定義してもよかったのである．しかし，これを採用することはしない．なぜかというと，実は単に特段素晴らしい定理が成り立たないので「面白くない」，というのが理由である[1]．

4.1.2 複素積分の計算法

複素関数の線積分は，0.3.1 項で復習した実関数の場合と同じ手順で計算できる．つまり，経路 C 上を動く点を $z(t)$ $(t : t_P \to t_Q)$ とパラメータ表示し，t についての定積分

$$\int_C f(z)\,dz = \int_{t_P}^{t_Q} f(z(t)) \frac{dz(t)}{dt} dt \tag{4.2}$$

に等値するのである．

具体的な計算例を考える前に，少し準備をしよう．まず，これも実関数の場合と同じであるが，経路 C が複数の経路の結合 $C = C_1 C_2 \cdots C_m$ で与えられているとき，その積分は次式で計算できる．

$$\int_{C_1 C_2 \cdots C_m} f(z)\,dz = \sum_{k=1}^{m} \int_{C_k} f(z)\,dz \tag{4.3}$$

次に，経路 C が閉じている（つまり，C の始点と終点が一致している）とき，実関数の場合と同様にその積分を**周回積分**とよび，

$$\oint_C f(z)\,dz$$

と書く．特に断らない限り，C は正に向き付けられているとする．

---

[1] 本当にそうだろうか…．複素微分の定義をも変更して，コーシーの積分定理と同等のものが成り立つ，きれいな理論体系を構築できないだろうか…．

4.1 定義と基本的な計算法

最後に，経路 C を逆流する経路 C^{-1} に関する積分について述べる．これは，図 4.2 で示すとおり，C と全く同じ曲線を描くが，始点が β で終点が α のものである．ゆえに，経路 C 上を動く点が $z(t)\,(t: t_P \to t_Q)$ とパラメータ表示されているなら，C^{-1} 上を動く点は $z(t)\,(t: t_Q \to t_P)$ で与えられる．このとき，

$$\int_{C^{-1}} f(z)\,dz = \int_{t_Q}^{t_P} f(z(t))\,\frac{dz(t)}{dt}\,dt = -\int_{t_P}^{t_Q} f(z(t))\,\frac{dz(t)}{dt}\,dt$$
$$= -\int_C f(z)\,dz \tag{4.4}$$

を得る．つまり，**経路を逆流すると積分の符号が変わる**のである．

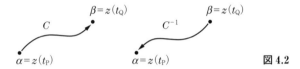

図 4.2

〈例題 4.1〉

関数 $f(z) = z$ の線積分 $\int_C f(z)\,dz$ を計算せよ．ただし，経路 C は図 4.3 で示す 2 種類のものとする（例題 0.2 と同じ経路である）．

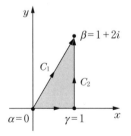

図 4.3

（1） 始点 $\alpha = 0$ と終点 $\beta = 1 + 2i$ を直線で結ぶ経路 C_1．

（2） 始点 $\alpha = 0$ を出発し，$\gamma = 1$ を経由して，終点 $\beta = 1 + 2i$ に至る経路 C_2．

〈解〉（1） 動点 $z(t)$ のパラメータ表示を得るためには，$z(t) = x(t) + iy(t)$ と分割し，複素平面上の点 $(x(t), y(t))$ の動き方を与えればよい．いまの場合，C_1 上を移動する点は $x(t) = t$, $y(t) = 2t$ $(t : 0 \to 1)$ と表せるので，ゆえに $z(t) = t + 2it = (1 + 2i)t$ を得る．このとき $dz(t)/dt = 1 + 2i$ であるから，(4.2) 式より

$$\int_{C_1} f(z)\,dz = \int_0^1 (1+2i)t \cdot (1+2i)\,dt = \frac{1}{2}(1+2i)^2 = -\frac{3}{2} + 2i$$

となる．

（2） α から γ へ至る直線経路を C_2'，γ から β へ至る直線経路を C_2'' としよう．すると C_2' 上の動点は $x(t) = t$, $y(t) = 0$ $(t : 0 \to 1)$，また C_2'' 上の動点は $x(t) = 1$, $y(t) = t$ $(t : 0 \to 2)$ とパラメータ表示できる．これは，

$$C_2' : z(t) = t \quad (t : 0 \to 1), \qquad C_2'' : z(t) = 1 + it \quad (t : 0 \to 2)$$

を意味する．いま $C_2 = C_2' C_2''$ であるから，結局，(4.2)，(4.3) 式より，

$$\int_{C_2} f(z)\,dz = \int_{C_2'} f(z)\,dz + \int_{C_2''} f(z)\,dz = \int_0^1 t \cdot 1\,dt + \int_0^2 (1+it) \cdot i\,dt$$
$$= -\frac{3}{2} + 2i$$

となる． ◆

例題 4.1 で注目すべき結果は，「2 つの異なる経路に沿う複素積分が同じ値をとる」という点である．つまりこの問題の場合，**積分値が経路によらない**．これは，以前の例題 0.2 の結果と対照的である．これがたまたまの事実であったのか，あるいは背後に深い理論があるのかは後々明らかになる．実際，次の例題で示すように，複素積分もやはり一般には経路に依存するのである．

=== 〈例題 4.2〉

例題 4.1 で，経路は同じままにして被積分関数を $f(z) = \bar{z}$ と変更した場合について積分を計算せよ．

〈解〉 $z(t)$ のパラメータ表示は例題 4.1 の場合と同じであるから，次のようになる．

4.1 定義と基本的な計算法

(1) $\displaystyle\int_{C_1} f\,dz = \int_{C_1} \bar{z}\,dz = \int_0^1 (1-2i)t\cdot(1+2i)\,dt = \frac{5}{2}$

(2) $\displaystyle\int_{C_2} f\,dz = \int_{C_2'} \bar{z}\,dz + \int_{C_2''} \bar{z}\,dz = \int_0^1 t\cdot 1\,dt + \int_0^2 (1-it)\cdot i\,dt = \frac{5}{2}+2i$

◆

問題 4.1 例題 4.1 で, 経路は同じままにして被積分関数を $f(z)=|z|^2=z\bar{z}$ と変更した場合について積分を計算せよ.

計算法に慣れたところで, 少しだけ一般化した結果を示しておこう. 次の積分計算がしたい.

$$\int_C z^k\,dz$$

ここで k は非負の整数値, C は始点を α, 終点を β とする, ある与えられた経路である. この経路上の動点が $z(t)$, $t:t_P \to t_Q$ のようにパラメータ表示できたとすると, (4.2) 式により, 次のように積分計算が実行できる ($\alpha = z(t_P)$, $\beta = z(t_Q)$ に注意).

$$\int_C z^k\,dz = \int_{t_P}^{t_Q} z(t)^k \frac{dz(t)}{dt}\,dt = \int_{t_P}^{t_Q} \frac{d}{dt}\left\{\frac{z(t)^{k+1}}{k+1}\right\}dt$$

$$= \left[\frac{z(t)^{k+1}}{k+1}\right]_{t_P}^{t_Q} = \frac{\beta^{k+1}-\alpha^{k+1}}{k+1}$$

つまり, 積分値が経路に依存しない! この結果は任意の非負整数値 k について成り立つので, 当然, 一般の多項式関数 $f(z)=a_0+a_1z+a_2z^2+\cdots+a_nz^n$ についても同様の結果が成り立つ. ゆえに, 次の定理が得られる.

定理 4.1

多項式関数 $f(z)=\displaystyle\sum_{k=0}^{n} a_k z^k$ の複素積分は経路に依存しない.

したがって, 実は例題 4.1 の結果は, 次式で示すとおり直ちに導くことができる ($\alpha = z(t_P)=0$, $\beta = z(t_Q)=1+2i$ に注意).

$$\int_{C_1} z\,dz = \int_{C_2} z\,dz = \frac{\beta^2 - \alpha^2}{2} = \frac{(1+2i)^2 - 0^2}{2} = -\frac{3}{2} + 2i$$

拍子抜けしそうだが，改めて例題 4.2 を見直してもらいたい．あくまで，一般には複素積分は経路に依存するのである．

4.1.3 周回積分による表現 —コーシーの積分定理へ向けて—

周回積分を用いて例題 4.1 の結果を書き直してみよう．$\alpha \to \gamma \to \beta \to \alpha$ のように，C_2 から C_1^{-1} を経て α に戻る閉経路 $C = C_2 C_1^{-1}$ を考える（図 4.4）．このとき，(4.3)，(4.4) 式より

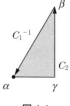

図 4.4

$$\oint_C f\,dz = \oint_{C_2 C_1^{-1}} f\,dz = \int_{C_2} f\,dz + \int_{C_1^{-1}} f\,dz$$
$$= \int_{C_2} f\,dz - \int_{C_1} f\,dz = 0 \qquad (4.5)$$

を得る．つまり，1 周して積分するとゼロになるのである．

このように，**逆流・周回・結合という表現を駆使して積分を式変形していく**というアイデアが，複素積分の計算では大変有用かつ重要である．

問題 4.2 例題 4.1 で与えた三角形型の閉経路 $C = C_2 C_1^{-1}$ に沿って，関数 $f(z) = \bar{z}$ を積分せよ（例題 4.2 を参照）．

次に，後で示すコーシーの積分定理に関係する重要な事実を示そう．多項式関数 $f(z) = \sum_{k=1}^n a_k z^k$ についての周回積分 $\oint_C f(z)dz$ を考える．まず，C 上に 2 点 P, Q をとる．そして，図 4.5 のように，P から時計回りに Q へ向かう経路を C_1，P から反時計回りに Q へ向かう経路を C_2 と書く．すると，定理 4.1 で示したとおり，一般に多項式関数 $f(z)$ の複素積分は経路に依存しないので，$\int_{C_1} f(z)dz = \int_{C_2} f(z)dz$ が成り立

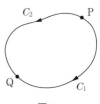

図 4.5

つ．そして，いま $C = C_2 C_1^{-1}$ であるから (4.5) 式と全く同じ式変形が成り立ち，結局，次の定理が得られる．

> **定理 4.2**
>
> 多項式関数 $f(z) = \sum_{k=0}^{n} a_k z^k$ の，任意の閉経路 C に関する周回積分はゼロとなる．すなわち，次式が成り立つ．
> $$\oint_C f(z)\, dz = 0$$

4.1.4 重要な例 ― 円上動点のパラメータ表示について ―

次の複素積分は後々頻繁に現れる重要なものである．

$$I_{m,\alpha} = \oint_{C_\alpha} f(z)\, dz, \qquad f(z) = (z-\alpha)^m$$

図 4.6 で示すとおり，経路 C_α は中心 $\alpha \in \mathbb{C}$，半径 r の円を正に向き付けたものである．円の中心 α と被積分関数 $f(z)$ に現れる α が共通であることに注意しよう[2]．また，m は整数値である．

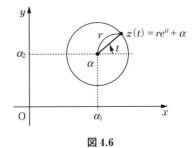

図 4.6

まず，積分計算をするに当たって，経路上の動点のパラメータ表示が必要である．それを，以前と同様 $z(t) = x(t) + iy(t)$ と表そう．また，$\alpha = \alpha_1 + i\alpha_2$ のように，α も実部と虚部に分解しておく．すると，複素平面上で中心 (α_1, α_2)，半径 r である円上の点は

$$x(t) = r\cos t + \alpha_1, \qquad y(t) = r\sin t + \alpha_2 \qquad (t: 0 \to 2\pi)$$

とパラメータ表示できる．これを再び $z(t)$ に代入すると，

---

2) 後々わかるとおり，実は，これら2つが一致している必要はない．

$$z(t) = r\cos t + \alpha_1 + i(r\sin t + \alpha_2) = re^{it} + \alpha \qquad (t:0 \to 2\pi)$$
(4.6)

を得る．これが，中心 $\alpha \in \mathbb{C}$，半径 r の円を正に向き付けた経路上を動く動点のパラメータ表示である．

ここでは少し冗長な形で導出したが，$z(t) - \alpha = re^{it}$ から $|z(t) - \alpha| = r$ が従うことからも，$z(t)$ が円上の動点を表していることは直観的に理解できると思う．この**円上動点のパラメータ表示** (4.6) は，今後も頻繁に利用することになる公式なのでよく理解しておこう．

さて，後は (4.2) 式に従って積分を計算するだけである．積分値は整数 m に依存する．以下，天下り的であるが，2 通りの場合分けを行う．

(i) $m \neq -1$ の場合　　上で求めたパラメータ表示 (4.6) に従って計算をすると，以下のようになる．

$$\begin{aligned}I_{m,\alpha} &= \oint_{C_\alpha} f(z)\,dz = \int_0^{2\pi} f(z(t)) \cdot \frac{dz(t)}{dt} dt = \int_0^{2\pi} \{(re^{it} + \alpha) - \alpha\}^m \cdot ire^{it}\,dt \\ &= ir^{m+1} \int_0^{2\pi} e^{i(m+1)t}\,dt = ir^{m+1} \cdot \frac{e^{2\pi(m+1)i} - 1}{i(m+1)} \\ &= \frac{r^{m+1}}{m+1}[\cos\{2(m+1)\pi\} + i\sin\{2(m+1)\pi\} - 1] = 0\end{aligned}$$

(ii) $m = -1$ の場合　　(i) の式変形の 1 行目で $m = -1$ を代入すれば，次式を得る．

$$I_{-1,\alpha} = \int_0^{2\pi} \frac{1}{(re^{it} + \alpha) - \alpha} \cdot ire^{it}\,dt = i\int_0^{2\pi} dt = 2\pi i$$

以上をまとめると，

$$I_{m,\alpha} = \oint_{|z-\alpha|=r} (z-\alpha)^m dz = \begin{cases} 2\pi i & (m = -1) \\ 0 & (m \neq -1) \end{cases} \qquad (4.7)$$

となる．

これより，**積分値は r によらない**ことがわかる．つまり，円はどんなに大きくても，あるいは小さくても関係ないのである．

問題 4.3 上で与えた円型の閉経路 C_α に沿って関数 $f(z) = \bar{z}$ を積分せよ．

4.2 コーシーの積分定理

4.2.1 グリーンの公式による証明法

いよいよ，コーシーの積分定理である．一般の複素積分 (4.1) を考えよう．まず，$z = x + iy$ として，$f(z)$ を $f(z) = u(x, y) + iv(x, y)$ のように実部と虚部に分解しておく．すると，z の微小変化は $\Delta z = \Delta x + i\Delta y$ であるから，複素積分 $\int_C f(z)dz$ は

$$\begin{aligned}
\int_C f(z)dz &= \lim_{\Delta z \to 0} \sum_j f(z_j) \Delta z_j \\
&= \lim_{\Delta x, \Delta y \to 0} \sum_j \{u(x_j, y_j) + iv(x_j, y_j)\}(\Delta x_j + i\Delta y_j) \\
&= \lim_{\Delta x, \Delta y \to 0} \sum_j \{u(x_j, y_j)\Delta x_j - v(x_j, y_j)\Delta y_j\} \\
&\quad + i \lim_{\Delta x, \Delta y \to 0} \sum_j \{u(x_j, y_j)\Delta y_j + v(x_j, y_j)\Delta x_j\} \\
&= \int_C \{u(x, y)dx - v(x, y)dy\} + i\int_C \{v(x, y)dx + u(x, y)dy\}
\end{aligned}$$

のように，2つの実線積分の和で表すことができる．なお，この結果は，$\int_C f\,dz$ に形式的に $f = u + iv$，$dz = dx + idy$ を代入して理解しておけばよい．

さて，特に周回積分を考えると，上の計算から

$$\oint_C f\,dz = \oint_C (u\,dx - v\,dy) + i\oint_C (v\,dx + u\,dy)$$

を得る．すると，0.3.4 項で復習したグリーンの公式より，上式はさらに

$$\oint_C f\,dz = \int_D \left(-\frac{\partial u}{\partial y} - \frac{\partial v}{\partial x}\right)dx\,dy + i\int_D \left(-\frac{\partial v}{\partial y} + \frac{\partial u}{\partial x}\right)dx\,dy \tag{4.8}$$

と変形できる．ただし，D は C を境界とする閉領域を表す．

上式 (4.8) をよくみると，何と，被積分関数が CR 関係式 (3.3) に現れる式と全く同じになっている！CR 関係式とは，考えている領域内のすべての点で関数 $f(z)$ が微分可能，すなわち正則であるための必要十分条件であった．ゆえに，D で $f(z)$ が正則ならば自動的に積分がゼロになる．さらに，グリーンの公式を用いるには u, v 微分可能性を仮定しておく必要があるが，実はそれも不要である．その結果，我々は次の強力な定理を手にしたのである．

定理 4.3

関数 $f(z)$ は閉経路 C を境界とする閉領域内で正則であるとする．このとき，次式が成り立つ．

$$\oint_C f(z)\,dz = 0$$

これが，**コーシーの積分定理**である．これによれば，先に示した例題 4.1 の結果は必然である．また，コーシーの積分定理は定理 4.2 を含む．事実，多項式関数 $f(z) = \sum_{k=0}^{n} a_k z^k$ は複素平面全域で正則であり，したがって，任意の閉経路 C 内でも正則である．ゆえに，コーシーの積分定理より $\oint_C f(z)\,dz = 0$ が直ちに結論される．さらに，コーシーの積分定理は C 内で正則な関数であれば適用できるので，被積分関数はもはや多項式関数でなくても構わない．

問題 4.4 中心 $z = 0$ の円周 $|z| = 1/2$ を正に向き付けた経路に沿って，次の関数の周回積分を計算せよ（例題 3.4 を参照）．

（1） $f(z) = \dfrac{1}{(z-2)^3}$ （2） $f(z) = \dfrac{1}{z^6 - 1}$

（3） $f(z) = \tan z$ （4） $f(z) = e^{1/(z-1)^2}$

4.2 コーシーの積分定理

〈例題 4.3〉

4.1.4 項で扱った複素積分 (4.7) 式を再考しよう．$m \neq -1$ のとき，$I_{m,\alpha} = 0$ であった．これは，コーシーの積分定理に起因するものか．

〈解〉 まず $m \geq 0$ の場合，被積分関数 $f(z) = (z-\alpha)^m$ は経路 C_α の内部で正則である．実際 $f(z)$ は $\bar{z}$ を含んでおらず，また，z にいかなる値を代入しても $f(z)$ が発散したりすることはない．ゆえに，**コーシーの積分定理より**，積分値はゼロである．

一方，$m \leq -2$ の場合，被積分関数は $\bar{z}$ を含んではいないが，$z = \alpha$ で発散する．つまり，$z = \alpha$ は関数の特異点である．そして，$z = \alpha$ は C_α の内部の点であり，ゆえに $f(z)$ は C_α 内で正則ではない．したがって，コーシーの積分定理は使えない．しかるに，4.1.4 項でみたとおり，積分の結果はゼロである．$m \geq 0$ の場合と異なり，**コーシーの積分定理は使えないが，たまたま積分値がゼロになっている**のである！ ◆

問題 4.5 (4.8) 式をコーシーの積分定理の証明だけに用いるというのはもったいない！ $f(z) = \bar{z}$ とすると $u = x, v = -y$ であるから，

$$\oint_C \bar{z}\, dz = i\int_D \left(\frac{\partial y}{\partial y} + \frac{\partial x}{\partial x}\right) dx\, dy = 2i\int_D dx\, dy$$

となるが，この式は何を意味しているか．また，この結果をもとに，問題 4.2, 4.3 の結果を考察せよ．

☆ 4.2.2 直観的証明

ところで，コーシーの積分定理の証明は直観的には次のように理解できる．まず，閉経路 C の内部を無数の小領域の集合に分割する．そして，図 4.7 で示すように，それらの小領域の外周を正に向き付けた閉経路を C_k と書く．すると，0.3.4 項のグリーンの公式のところで述べたように，隣り合う C_k たちの接している部分での積分は打ち消し合うの

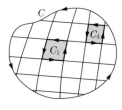

図 4.7

で，結局，
$$\oint_C f(z)dz = \sum_k \oint_{C_k} f(z)dz$$
が成り立つ．

さて，C_k は非常に小さい閉経路であるから，$f(z)$ は C_k 上でたいした変化はしないはずである．つまり，C_k の内部に代表点 b_k をとれば，C_k 上の点 z における関数値 $f(z)$ は，$f(b_k)$ に毛の生えた程度のものになるだろう（図 4.8）．このことは，関数値の変化量 $f(z) - f(b_k)$ が，変数の変化量 $z - b_k$ の 1 次のオーダーで捉えられることを意味する．そして，ここが重要なのであるが，いま $f(z)$ は C_k 内で正則なので，この関数値が増える割合は変数が変化する方向によらない．すなわち，微小量の 2 次以上の項をすべて無視すれば
$$f(z) - f(b_k) = K_k(z - b_k)$$
が成り立つ．これは，$\Delta f = f(z) - f(b_k)$, $\Delta z = z - b_k$ と書けば，$f(z)$ が複素微分可能であるための条件そのものである．すると，定理 4.2 で示したとおり，定数関数と 1 次関数の周回積分はゼロであるから，結局，
$$\oint_C f(z)dz = \sum_k \oint_{C_k} f(z)dz = \sum_k \oint_{C_k} \{f(b_k) + K_k(z-b_k)\}dz = 0$$
を得る．

要するに証明のアイデアは，**複素積分を多数の微小閉経路での積分の和で表すと，各微小閉経路では関数が「(定数) + (定数の z 倍)」で近似できるので積分値はゼロ，ゆえにそれらの多数和もゼロになる**，というものである．

なお，もし $f(z)$ が C_k 内で正則でなければ，関数の微小変化は変数の方向に依存するようになり，それは全微分
$$f(z) - f(b_k) = K_k(z - b_k) + \widetilde{K}_k(\bar{z} - \bar{b}_k)$$
で表されることになる．$\bar{z}$ に関する周回積分は一般にゼロにはならないので，結局，コーシーの積分定理が成り立たなくなるわけである．

以上の議論を精緻化[3]したものがグルサによる証明で，それは上の論法からわかるとおり，グリーンの公式を用いないものである．つまりそれは，u と v の微分可能性を仮定しない，より一般化された証明法である．

4.3 積分経路の変形

コーシーの積分定理は，積分経路を変形するテクニックと組み合わせることで，その真価を発揮する．本節で，そのアイデアをみていこう．

4.3.1 変形則1

まず，関数 $f(z)$ が正則であると保証されている領域 D を考える．D 内には，始点を $\alpha \in \mathbb{C}$, 終点を $\beta \in \mathbb{C}$ とする経路 C がある．特に図4.9で示すように，C が割と複雑である場合を想定しよう．

いま，積分 $\int_C f(z)dz$ を計算したい．
しかし，C 上の動点のパラメータ表示を

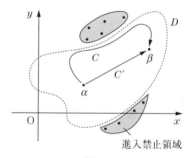

図 4.9

得ることはできそうもない．そこで，C とは異なる，しかし始点 α と終点 β を同じくし，かつ D 内に含まれる経路 C' を考える．C' は，C よりはるかに単純であるとする．ポイントは，「この2つの経路で挟まれた領域の内部で $f(z)$ が正則である」という点である．いいかえると，β から C^{-1} を逆流して α に至り，次いで C' を通って β に戻るという閉経路 $C'C^{-1}$ 内の閉領域で $f(z)$ は正則である．ゆえに，コーシーの積分定理より

$$\oint_{C'C^{-1}} f(z)dz = 0$$

が成り立つが，これはさらに (4.3), (4.4) 式を用いることで

---

3) "多数" を "無限" にしても同じ結果が成り立つ，ということ．一般に，ゼロに収束する量を無限個足してどうなるかは不明であることに注意．

$$\int_C f(z)dz + \int_{C^{-1}} f(z)dz = 0 \quad \Leftrightarrow \quad \int_{C'} f(z)dz - \int_C f(z)dz = 0$$

と等価変形できる．つまり，(複雑な) 経路 C に沿って積分する代わりに，(単純な) 経路 C' に沿って積分すればよいことになったのである！

このことを定理の形でまとめておこう．

定理 4.4

関数 $f(z)$ は領域 D 内で正則であるとする．また，D 内に経路 C が与えられている．この経路を，始点と終点を固定したまま D 内で変形したものを C' とする．このとき，次式が成り立つ．

$$\int_C f(z)dz = \int_{C'} f(z)dz$$

0.3.1 項でみたとおり，実関数の場合でも，関数がある条件を満たせば線積分は経路に依存しなくなる．しかし複素関数の場合，そのような経路の非依存性を実現するために，被積分関数に課せられた条件がはるかにゆるいのである．すなわち，関数 $f(z)$ は正則でありさえすればよい！

=== 〈例題 4.4〉 ===

関数 $f(z) = 1/(1+z)$ の線積分 $\int_C f(z)dz$ を計算せよ．ただし，経路 C は次のものとする．

(1) 始点 $\alpha = -i$ と終点 $\beta = i$ を虚軸上の直線で結ぶ経路 C_1．

(2) 始点 $\alpha = -i$ を出発し，半径 $\sqrt{2}$，中心 $z = -1$ の円 $|z+1| = \sqrt{2}$ の周上を**反時計回り**に移動し，終点 $\beta = i$ に至る経路 C_2．

(3) 始点 $\alpha = -i$ を出発し，半径 $\sqrt{2}$，中心 $z = -1$ の円 $|z+1| = \sqrt{2}$ の周上を**時計回り**に移動し，終点 $\beta = i$ に至る経路 C_3．

〈解〉まず，$f(z)$ は $z = -1$ 以外の点では問題なく定義でき，かつ $\bar{z}$ を含んでいないので，$f(z)$ は $z = -1$ 以外の点で正則である．すると図 4.10 より，明らかに C_1 と C_2 で挟まれた領域の内部で $f(z)$ は正則である．ゆえに定理 4.4 より，

4.3 積分経路の変形

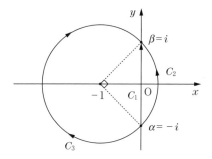

図 4.10

（1）と（2）の積分値は計算するまでもなく等しいことが保証されている．他方，C_1 と C_3 とで囲まれた領域内には特異点 $z = -1$ が含まれているため，（1）と（3）の積分値は異なると予想される．

（1） C_1 上の動点は $z(t) = it$ $(t : -1 \to 1)$ と表せるので，

$$\int_{C_1} f(z)\,dz = \int_{-1}^{1} \frac{i}{1+it}\,dt = \int_{-1}^{1} \frac{i(1-it)}{1+t^2}\,dt = \int_{-1}^{1} \frac{i+t}{1+t^2}\,dt$$
$$= i\int_{-1}^{1} \frac{1}{1+t^2}\,dt$$

となる．最後の式変形は，$t/(1+t^2)$ が奇関数であることによる．$t = \tan\theta$ とおけば，$\theta : -\pi/4 \to \pi/4$, $dt/d\theta = 1/\cos^2\theta$ より，積分が次のように計算できる．

$$i\int_{-1}^{1} \frac{1}{1+t^2}\,dt = i\int_{-\pi/4}^{\pi/4} \frac{1}{1+\tan^2\theta} \cdot \frac{d\theta}{\cos^2\theta} = i\int_{-\pi/4}^{\pi/4} d\theta = \frac{\pi i}{2}$$

（2） C_2 上の動点は $z(t) = \sqrt{2}e^{it} - 1$ $(t : -\pi/4 \to \pi/4)$ と表せる（図 4.10 および (4.6) 式を参照）．ゆえに，

$$\int_{C_2} f(z)\,dz = \int_{-\pi/4}^{\pi/4} \frac{i\sqrt{2}e^{it}}{1+\sqrt{2}e^{it}-1}\,dt = i\int_{-\pi/4}^{\pi/4} dt = \frac{\pi i}{2}$$

となり，確かに，（1）の答えと一致している．

（3） C_3 上の動点は $z(t) = \sqrt{2}e^{it} - 1$ $(t : 7\pi/4 \to \pi/4)$ と表せる（t の変化する範囲に注意）．これより，

$$\int_{C_3} f(z)\,dz = \int_{7\pi/4}^{\pi/4} \frac{i\sqrt{2}e^{it}}{1+\sqrt{2}e^{it}-1}\,dt = i\int_{7\pi/4}^{\pi/4} dt = -\frac{3\pi i}{2}$$

となる． ◆

問題 4.6 関数 $f(z) = 1/z$, $f(z) = 1/z^2$ について，線積分 $\int_C f(z)dz$ を計算せよ．ただし，経路 C は次のものとする．

（1） 始点 $\alpha = -1$ を出発し，半径 1，中心 $z = 0$ の円 $|z| = 1$ の周上を**時計回り**に移動し，終点 $\beta = 1$ に至る経路 C_1．

（2） 始点 $\alpha = -1$ を出発し，半径 1，中心 $z = 0$ の円 $|z| = 1$ の周上を**反時計回り**に移動し，終点 $\beta = 1$ に至る経路 C_2．

4.3.2 変形則 2 ― 閉経路の場合 ―

次に，周回積分を行うに当たって，与えられた閉経路を変形する手段について考える．当然，被積分関数が経路内に特異点をもつ場合を考察する（そうでないときは積分値 = 0 である）．特にここでは，具体的に次の複素積分を解析することでアイデアをみていこう．

$$I = \oint_C f(z)dz, \qquad f(z) = \frac{z}{(z-1)(z-2)} = \frac{-1}{z-1} + \frac{2}{z-2}$$

積分経路 C は原点中心，半径 3 の円を正に向き付けたものである．いま C 内に $f(z)$ の特異点 $z = 1, 2$ が含まれているため，$f(z)$ は C 内で正則ではない．ゆえに，コーシーの積分定理は使えない．一方で，$z(t) = 3e^{it}$ ($t : 0 \to 2\pi$) のように C 上の動点をパラメータ表示して定積分にもち込むと，やってみるとすぐにわかるが，見通しの悪い計算に帰着してしまう．見通しの良い，スマートな計算法はないだろうか．

実際，以下に説明するように，そのような計算法がある．図 4.11 で示すとおり，特異点 $z = 1$ の周り

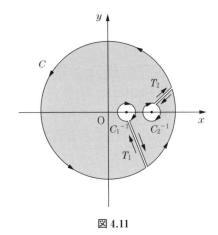

図 4.11

4.3 積分経路の変形

に，半径 r で**時計回り**に向き付けられた小円 C_1^{-1} をとる．同じく，特異点 $z=2$ の周りに半径 r で時計回りに向き付けられた小円 C_2^{-1} をとる．ただし，C_1^{-1}, C_2^{-1} の間に重なりが生じないように，半径 r は十分に小さくしておく．

次に，外周 C と C_1^{-1} を結ぶように，切れ込みを入れる．この切れ込みを往復する経路を T_1 と書いておこう．また，C と C_2^{-1} について同様の経路を T_2 とすると，これら C, C_1^{-1}, C_2^{-1}, T_1, T_2 で囲まれた閉領域内（図 4.11 の灰色の部分）では $f(z)$ は特異点をもたないことになる．したがって，この閉領域内で $f(z)$ は正則なのでコーシーの定理が使え，

$$\oint_{CC_1^{-1}C_2^{-1}T_1T_2} f\,dz = \oint_C f\,dz + \oint_{C_1^{-1}} f\,dz + \oint_{C_2^{-1}} f\,dz + \int_{T_1} f\,dz + \int_{T_2} f\,dz = 0$$

が成り立つ．ここで，同一の経路を往復するとき，その積分値はゼロであるから $\int_{T_1} f\,dz = \int_{T_2} f\,dz = 0$ である．ゆえに上式から，

$$\oint_C f\,dz = -\oint_{C_1^{-1}} f\,dz - \oint_{C_2^{-1}} f\,dz = \oint_{C_1} f\,dz + \oint_{C_2} f\,dz \quad (4.9)$$

を得る．つまり，C に沿って積分する代わりに，C_1, C_2 **に沿って積分すればよい**ことになったのである．同時に以上の議論から，元の積分路 C が円でなく，長方形でも星形でも，2 つの特異点を含んでいる限りは同じ結果 (4.9) 式を導くことがわかる．このことは，2 つの特異点を横切らないように C を自由に変形できることを意味する．つまり (4.9) 式は，定理 4.4 を適用し，図 4.12 で示すような経路の変形を行った結果とみることができる．

この経路の変形は，もちろん，大きなご利益をもたらす．まず，(4.9) 式

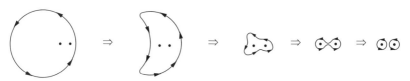

図 4.12

の第1項は

$$\oint_{C_1} f\,dz = \oint_{C_1} \frac{-1}{z-1}\,dz + \oint_{C_1} \frac{2}{z-2}\,dz$$

となる．ここで，第2項の被積分関数 $2/(z-2)$ は C_1 内で正則である．ゆえにコーシーの積分定理より，第2項 $= 0$ が直ちに得られる．さらに，第1項は (4.7) 式から

$$\oint_{C_1} \frac{-1}{z-1}\,dz = -\oint_{|z-1|=r} \frac{1}{z-1}\,dz = -2\pi i$$

と，これも直ちに求まる．同様に，(4.9) 式の第2項は次のように計算できる．

$$\oint_{C_2} f\,dz = \oint_{C_2} \frac{-1}{z-1}\,dz + \oint_{C_2} \frac{2}{z-2}\,dz = \oint_{C_2} \frac{2}{z-2}\,dz = 2\cdot 2\pi i = 4\pi i$$

以上より，積分値は

$$\oint_C f(z)\,dz = 4\pi i - 2\pi i = 2\pi i$$

となる．

4.3.3 閉経路の変形則 ― 一般化 ―

上で示した方法は頻繁に用いることになるので，ここで一般化しておこう．いま，次の複素積分を計算したい．

$$\oint_C f(z)\,dz$$

ここで，$f(z)$ は閉経路 C の内部に特異点 b_1, $\cdots$, b_m を有しているとする．なお，$f(z)$ のすべての特異点が C 内に入っている必要はない．$f(z)$ が10個の特異点をもっていて，そのうち3個だけが C 内に入っている，という状況などもあり得る．ただし，$f(z)$ の特異点が1つも C 内に入っていない場合，コーシーの積分定理より積分は自動的にゼロであるから，そのよう

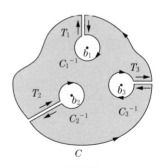

図 4.13

4.3 積分経路の変形

な場合は考えない.

さて,前項にならって特異点たちを小円で囲もう.つまり,図 4.13 で示すように,特異点 b_k の周りに,半径 r で時計回りに向き付けられた小円 C_k^{-1} をとる.小円たちの間に重なりが生じないように,半径 r は十分小さくしておく.次に,外周 C と C_k^{-1} を結ぶ往復経路 T_k をとる.このとき,C, $\{C_1^{-1}, \cdots, C_m^{-1}\}$, $\{T_1, \cdots, T_m\}$ で囲まれた閉領域内(図 4.13 の灰色の部分)に $f(z)$ は特異点をもたず,正則となる.ゆえに,コーシーの積分定理より,

$$\oint_{CC_1^{-1}\cdots C_m^{-1}T_1\cdots T_m} f\,dz = \oint_C f\,dz + \sum_{k=1}^{m} \oint_{C_k^{-1}} f\,dz + \sum_{k=1}^{m} \int_{T_k} f\,dz = 0$$

が得られる.さらに,往復経路での積分値はゼロであるから,結局,次の定理が得られる.つまり,**C に沿う積分は,C 内の特異点周りの積分の和でおきかえられる**.

定理 4.5

複素関数 $f(z)$ は閉経路 C 内に特異点 $b_1, \cdots, b_m$ を有しているとする.このとき,次式が成り立つ.

$$\oint_C f\,dz = \sum_{k=1}^{m} \oint_{C_k} f\,dz \tag{4.10}$$

ただし,C_k は特異点 b_k の周りの小円を正に向き付けた経路である.

定理 4.5 は次の重要な知見を含んでいる.まず,特異点の周りの小円の半径 r は任意に小さくとれることに注意しよう.このことから,特に半径 r を十分に小さくとれば,積分 $\oint_{C_k} f\,dz$ は特異点 b_k そのものの性質が反映された"特徴量"であることが想像できる.そこで,標語的に

$$\oint_C f\,dz = \sum_{k=1}^{m} (\text{特異点 } b_k \text{ の "特徴量"}) \tag{4.11}$$

と書き表したくなる.右辺の「特異点 b_k の "特徴量"」の部分は,関数 $f(z)$ のみから決定される量であり,一切,積分とは関係ないことに注目し

よう．つまり，**積分 $\oint_C f\,dz$ が，積分をせずに計算される**のである！ そして，後々明らかになるのだが，この特徴量は，具体的に計算可能な量として得られる．

問題 4.7 経路 C を，半径 2，中心 $z=0$ の円 $|z|=2$ を正に向き付けた経路とする．このとき，次の複素関数について積分 $\oint_C f(z)\,dz$ を計算せよ．

（1） $f(z) = \dfrac{1}{z^2+1}$ （2） $f(z) = \dfrac{3-5z}{z(z-1)(z-3)}$

（3） $f(z) = \dfrac{1+z+2z^2+3z^3}{z^3}$

4.4 実定積分への応用

次の実関数の定積分を考えよう．

$$I = \int_{-\infty}^{\infty} \frac{a}{x^2+a^2}\,dx \qquad (a>0) \tag{4.12}$$

この積分は高等学校までの知識で計算可能である．実際，$x = a\tan\theta$ とおくと，$dx/d\theta = a/\cos^2\theta$ となり，かつ θ は $-\pi/2$ から $\pi/2$ まで変化するので，

$$I = \int_{-\pi/2}^{\pi/2} \frac{a}{a^2\tan^2\theta + a^2} \cdot \frac{a}{\cos^2\theta}\,d\theta = \int_{-\pi/2}^{\pi/2} d\theta = \pi$$

を得る．

しかし実は，このような都合の良い式変形ができる例はそれほど多くなく，ほとんどの実定積分問題は部分積分や置換積分を駆使するテクニックが通用しない代物である．複素積分は，そのような場面で威力を発揮する．つまり，**初等的テクニックではいかんともし難かった積分計算が，複素積分を利用すると実行可能となる場合がある**のである．これが，複素関数論がもたらす大きな恩恵の 1 つである．ここでは，そのような"複素積分を利用した実定積分の計算法"のアイデアを考察していきたい．

まず，実定積分 (4.12) の代わりに，複素積分

4.4 実定積分への応用

$$I_R = \oint_{C_R} f(z)\,dz, \qquad f(z) = \frac{a}{z^2 + a^2} \qquad (a > 0)$$

を考えよう．なぜこのような積分を考えるのか，その理由は後で明らかになる．被積分関数 $f(z)$ については，単に x を z に拡張しただけである．しかし，これらの間には大きな違いがある．$f(x)$ は実軸上では常に連続かつ微分可能であるが，$f(z)$ にまで拡張すると，そのような都合の良い性質は必ずしも保存されないのである．事実，

$$f(z) = \frac{a}{z^2 + a^2} = \frac{a}{(z + ia)(z - ia)} = \frac{1}{2i}\left(\frac{1}{z - ia} - \frac{1}{z + ia}\right)$$

であり，虚軸上の 2 点 ia, $-ia$ で $f(z)$ は定義できない．つまり，この 2 点は $f(z)$ の特異点である．関数を複素関数にまで拡張することで，実軸上ではみえなかった特異点が現れたわけである（2.5 節で同じ議論をしている）．

次に，経路 C_R の説明をしよう．これは，図 4.14 で示すとおり，実軸上を点 $-R$ から $+R$ まで移動する直線型の経路 C_1 と半径 R の半円型の経路 C_2 を接続したものである．つまり，$C_R = C_2 C_1$ である．

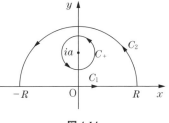

図 4.14

さて，R を十分に大きくとるとき，C_R は $f(z)$ の特異点 $+ia$ を内部に含む．このとき，$f(z)$ は C_R の内部で正則ではない．しかるに，定理 4.5 から，C_R での積分は特異点 $+ia$ 周りの経路 C_+ での積分におきかえられる．すなわち，

$$\oint_{C_R} f(z)\,dz = \oint_{C_+} f(z)\,dz$$

（念のため繰り返しておくと，これは，C_R と C_+^{-1} で挟まれた閉領域の内部で $f(z)$ が正則であることによる．）さらに，$C_R = C_2 C_1$ であるから，この積分は

$$\int_{C_1} f(z)dz + \int_{C_2} f(z)dz = \oint_{C_+} f(z)dz \qquad (4.13)$$

と書きかえられる．すると，直後に示すとおり，左辺の第 1 項は極限 $R \to \infty$ で元の実積分 (4.12) と一致する．つまり，実積分 (4.12) が，左辺第 2 項と右辺に現れる複素積分におきかえられたのである．以下，(4.13) 式の各辺を評価していこう．

(i) 左辺の第 1 項　経路 C_1 上の動点は $x(t) = t$, $y(t) = 0$ ($t : -R \to R$) とパラメータ表示できるので，

$$\int_{C_1} f(z)dz = \int_{-R}^{R} f(t) \frac{dx(t)}{dt} dt = \int_{-R}^{R} f(t) dt$$

と計算できる．これより，

$$\lim_{R \to \infty} \int_{C_1} f(z)dz = \int_{-\infty}^{\infty} f(x) dx$$

を得る．つまり，上で述べたとおり，$R \to \infty$ で左辺の第 1 項がほしい実積分 (4.12) に収束するわけである．

(ii) 右辺　簡単なところから片づけていこう．すなわち，

$$\oint_{C_+} f(z)dz = \oint_{C_+} \frac{1}{2i}\left(\frac{1}{z-ia} - \frac{1}{z+ia}\right)dz = \frac{1}{2i} \oint_{C_+} \frac{1}{z-ia} dz$$
$$= \frac{2\pi i}{2i} = \pi$$

2 つ目の式変形では，関数 $1/(z+ia)$ が経路 C_+ の内部で正則であることを用いている．また，3 つ目の式変形は (4.7) 式による．

(iii) 左辺の第 2 項　さて，面倒くさそうな項である．まずは地道に計算することを想定し，経路上の動点のパラメータ表示を与える．(4.6) 式でみたとおり，これは $z(t) = Re^{it}$ ($t : 0 \to \pi$) と書ける．ゆえに，

$$\int_{C_2} f(z)dz = \int_0^{\pi} f(Re^{it}) \frac{dz(t)}{dt} dt = \int_0^{\pi} \frac{a}{R^2 e^{2it} + a^2} \cdot Rie^{it} dt$$

となる．

この計算を続行することは実際に骨が折れそうであるが，ここで気づくこ

4.4 実定積分への応用

とがある．いま (i) の結果から，極限 $R \to \infty$ においてほしい実積分が得られることがわかっている．したがって，この左辺第 2 項も $R \to \infty$ での値だけが重要なのであって，任意の R についての積分を計算する必要はない．そうとわかった上でこの積分をみると，被積分関数が $R \to \infty$ でゼロに収束するので，積分もゼロに収束すると予想される．このことをきちんと示す際に，次のようなアイデアが一般に有効である．つまり，積分がゼロになることを証明するために，次のようにその絶対値を評価するのである．

$$\left| \int_{C_2} f(z) dz \right| = \left| \int_0^\pi \frac{aRie^{it}}{R^2 e^{2it} + a^2} dt \right| \leq \int_0^\pi \left| \frac{aRie^{it}}{R^2 e^{2it} + a^2} \right| dt$$

$$= \int_0^\pi \frac{|aRie^{it}|}{|R^2 e^{2it} + a^2|} dt = \int_0^\pi \frac{aR|i| \cdot |e^{it}|}{|R^2 \cos 2t + iR^2 \sin 2t + a^2|} dt$$

$$= \int_0^\pi \frac{aR}{\sqrt{R^4 + 2a^2 R^2 \cos 2t + a^4}} dt$$

$$\leq \int_0^\pi \frac{aR}{\sqrt{R^4 - 2a^2 R^2 + a^4}} dt$$

$$= \frac{aR\pi}{R^2 - a^2} \quad \to \quad 0 \quad (R \to \infty)$$

ある複素数の絶対値がゼロであるとき，その複素数自体がゼロでなければいけないので，結局，次の結果が得られる．

$$\lim_{R \to \infty} \int_{C_2} f(z) dz = 0$$

以上の結果を，(4.13) 式に適用しよう．何度も述べているとおり，ここでは，$R \to \infty$ における積分に興味がある．この極限において，(4.13) 式は

$$\int_{-\infty}^{\infty} f(x) dx = \pi$$

に収束する．このようにして，欲しい実定積分が求められた．

最後に 1 点，注意したい．上でみたとおり，主たるアイデアは，**実数軸上の定積分を，複素平面上の特異点の周りの複素積分に等値する**，というものである（図 4.15）．この等値を可能とするのがコーシーの積分定理である．

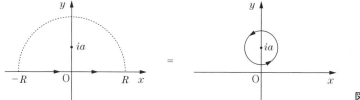

図 4.15

そのために,$R \to \infty$ で余計な積分項が消えるような**上手い積分経路の選び方**が重要であったが,ここで疑問が生ずる.「実定積分を複素積分に等値できるための上手い経路の選び方」について,何らかの指針があるのだろうか.

一般レベルでいえば,残念ながら答えはノーである.**問題ごとに,上手い経路を試行錯誤して発見しなければならない**のである.もちろん,これは簡単な話ではないが,しかし幸いなことに,いくつか典型的なパターンがある.そのうちのいくつかは,演習問題および 5.6 節で扱うことになる.

問題 4.8 実定積分 (4.12) の計算を,複素積分 $\tilde{I}_R = \oint_{\tilde{C}_R} f(z)dz$, $f(z) = a/(z^2 + a^2)$ を利用して実行せよ.ただし $\tilde{C}_R$ は,図 4.16 で示すように,複素平面の第 3・第 4 象限上の円弧と実軸上の半直線を結ぶ経路である.

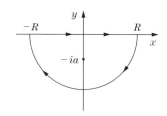

図 4.16

4.5 コーシーの積分公式

コーシーの積分定理から導かれる重要な公式は数多くあるが,特に次の**コーシーの積分公式**が重要である.

定理 4.6

複素関数 $f(z)$ が閉経路 C 内で正則であるとする.このとき,C 内部の任意の点 $a \in \mathbb{C}$ について,次式が成り立つ.

4.5 コーシーの積分公式

$$f(a) = \frac{1}{2\pi i} \oint_C \frac{f(z)}{z-a} dz \qquad (4.14)$$

[証明] まず，$g(z) = f(z)/(z-a)$ は C の内部で正則でなく，特異点 $a \in \mathbb{C}$ をもつことに注意しよう．しかし，a を除いては $g(z)$ は正則である．そこで，中心 a，半径 r の小円 C_a をとると，定理 4.5 より

$$\oint_C g(z) dz = \oint_{C_a} g(z) dz \qquad (4.15)$$

が成り立つ（図 4.17）．

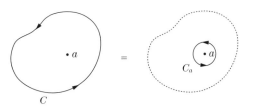

図 4.17

いま，(4.6) 式でみたとおり，C_a 上の動点 $z(t)$ は

$$z(t) = a + re^{it} \qquad (t : 0 \to 2\pi)$$

とパラメータ表示できる．ゆえに，(4.15) 式の右辺はさらに

$$\int_0^{2\pi} g(z(t)) \frac{dz(t)}{dt} dt = \int_0^{2\pi} \frac{f(a+re^{it})}{a+re^{it}-a} \cdot ire^{it} dt$$
$$= i \int_0^{2\pi} f(a+re^{it}) dt$$

と変形できる．ここで，小円 C_a の半径 r は任意であるため，どんなに小さい値をとってきてもよい．そこで特に $r \to +0$ の極限をとると，上式は

$$i \int_0^{2\pi} f(a) dt = i f(a) \int_0^{2\pi} dt = 2\pi i f(a)$$

に収束する．これが (4.15) 式と等しいことから，(4.14) 式を得る． （証明終）

定理 4.6 は次の非自明な事実を述べている．まず，積分変数である z が経路 C 上にあることに注意しよう．いうなれば，(4.14) 式の積分は，C に沿って歩く人がその経路上の情報だけを拾って足し合わせているのである．他方，$a \in \mathbb{C}$ は C の内側にある点であり，ゆえに本来，$f(a)$ というのは C 上の人からは窺い知ることのできない情報である．しかし，積分の結果，

それが算出されるのである[4]．すなわち，何が非自明かというと，正則関数については，**周囲の情報をかき集めると，内部の情報が求まる**のである．

さて，コーシーの積分公式は，正則関数がもつ著しい性質を明らかにする．まず，(4.14) 式で複素数 a を複素変数 w におきかえておく．

$$f(w) = \frac{1}{2\pi i} \oint_C \frac{f(z)}{z-w} dz$$

変数 w は C の内側にあり，一方 z は C 上にあるので，常に $w \neq z$ である．ゆえに，w の関数 $1/(z-w)$ は，C の内側で正則である．そのため，

$$\frac{df(w)}{dw} = \frac{1}{2\pi i} \oint_C \frac{f(z)}{(z-w)^2} dz$$

のように，両辺を w で微分することができる[5]．さらに，上と同じ理由で w の関数 $1/(z-w)^2$ は C の内側で正則であるため，上式の両辺は再び w で微分できてしまう．そして，この作業を繰り返せば，結局，次の定理を得る．

定理 4.7

複素関数 $f(z)$ が閉経路 C 内で正則であるとする．このとき，C 内部の任意の点 $a \in \mathbb{C}$ について，次式が成り立つ．

$$f^{(n)}(a) = \left.\frac{d^n f(w)}{dw^n}\right|_{w=a} = \frac{n!}{2\pi i} \oint_C \frac{f(z)}{(z-a)^{n+1}} dz \quad (4.16)$$

これも**コーシーの積分公式**とよばれる．ここで，もともと $f(z)$ には微分が 1 回は可能である，という仮定のみを課していたことに注意しよう．つまり，定理 4.7 は「複素正則関数は，1 階微分可能なら何度でも微分可能である」という驚くべき事実を表しているのである．すなわち，**正則関数は何回でも微分可能である！** このようにして，3.5.2 項で直観的に理解していた内

---

4) 外壁で囲まれた城に，大切な人が捕われている．あなたはその人の安否を知りたい．なれば，「コーシーの積分公式」を唱えながら外壁の周りを 1 周すればよい．その人の声が聞こえるであろう．

5) 正確には，$\{f(w + \Delta w) - f(w)\}/\Delta w$ を計算し，$\Delta w \to 0$ の極限をとる必要がある．

容が証明されたわけである．

コーシーの積分公式は，積分計算に利用することもできる．例えば，C を中心ゼロ，半径 1 の円 $|z|=1$ を正に向き付けた経路とし，積分

$$I = \oint_C \frac{e^z}{z} dz$$

を考えよう．これをまともに考えると，$z(t) = e^{it}$ ($t: 0 \to 2\pi$) と C 上の点をパラメータ表示し，

$$I = \int_0^{2\pi} \frac{e^{e^{it}}}{e^{it}} i e^{it} dt = \cdots$$

を計算するハメに陥るが，$f(z) = e^z$ が C の内部で（というより $\mathbb{C}$ 全域で）正則であることから，コーシーの積分公式より

$$I = \oint_C \frac{f(z)}{z-0} dz = 2\pi i\, f(0) = 2\pi i$$

と直ちに求まる．

問題 4.9 コーシーの積分公式を用いて，次の積分を計算せよ．ただし，積分経路はいずれの場合も $|z|=2$ を正に向き付けたものとする．

(1) $\oint_C \dfrac{\sin z}{(z-1)(z+3)} dz$ (2) $\oint_C \dfrac{e^z}{z^2-1} dz$ (3) $\oint_C \dfrac{e^z}{z^2} dz$

演習問題

4.1 複素積分 $\oint_C f(z) dz$，$f(z) = 1/z$ を計算せよ．ここで，経路 C は図 4.18 に示す原点を 2 回回る閉経路である．（ヒント：1 周目の経路を C_1，2 周目の経路を C_2 と書くと，$C = C_1 C_2$ である．）

4.2 複素平面上の 4 点 $a+ia$，$a-ia$，$-a+ia$，$-a-ia$ を結ぶ正方形の周を正に向き付けた経路を C とする（ただし，$a > 1$）．このとき，次の複素積分を計算せよ．

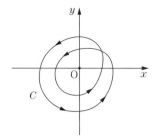

図 4.18

$$\oint_C \frac{|z|^2 - 2\mathrm{Re}(z)}{z-1} dz$$

4.3 複素平面上の円周 $|z|=2$ を正に向き付けた経路 C について，次の複素積分を計算したい．

$$\oint_C f(z)dz = \oint_C \frac{2}{(z-i)^2(z-1)}dz$$

（1） $f(z)$ を次のように分解する．

$$f(z) = \frac{a}{(z-i)^2} + \frac{b}{(z-i)} + \frac{c}{z-1} + d$$

このとき，係数 a, b, c, d を決定せよ．（ヒント：式の両辺に $z-1$ を掛けてみよ．）

（2） 問題の複素周回積分を計算せよ．

4.4 経路 $C: z(t)$ $(t: t_1 \to t_2)$ に沿う複素積分 $\int_C f(z)dz$ を考える．

（1） 経路 C 上で $|f(z(t))| \le M$ （M は正の定数）が常に成り立つとき，

$$\left| \int_C f(z)dz \right| < ML$$

を証明せよ．ただし，L は経路 C の長さであり，次式で定義される．

$$L = \int_{t_1}^{t_2} \sqrt{\left(\frac{dx(t)}{dt}\right)^2 + \left(\frac{dy(t)}{dt}\right)^2} dt$$

（2） 円周 $|z|=R$ の第1・第2象限部分の半円を正に向き付けた経路を C とする．また，$f(z) = 1/(z^2 + a^2)$ （ただし $a < R$）とする．このとき，次の不等式を証明せよ．

$$\left| \oint_C f(z)dz \right| \le \frac{\pi R}{R^2 - a^2}$$

4.5 次の，複素積分によって定義された複素関数 $f(z)$ を考える．
$$f(z) = \frac{1}{2\pi i} \oint_{|w|=1} \left(\frac{z}{w} + \frac{\bar{z}}{w-z} \right) dw$$
ただし，$f(z)$ は $|z| \neq 1$ を満たす複素平面上の点 z において定義されているとする．$f(z)$ を陽な形で表示せよ．また，$\oint_{|z|=2} f(z) dz$ を計算せよ．

4.6 例題 4.4 の複素積分
$$I = \int_{C_1} \frac{1}{1+z} dz$$
の計算を，$z(t) = it$ ($t : -1 \to 1$) とパラメータ表示することで次のように実行した．
$$I = \int_{-1}^{1} \frac{i}{1+it} dt = \int_{-1}^{1} \frac{d}{dt} \log(it+1) dt = \log(i+1) - \log(-i+1)$$
$$= \log(\sqrt{2} e^{\pi i/4}) - \log(\sqrt{2} e^{7\pi i/4}) = \frac{\pi i}{4} - \frac{7\pi i}{4} = -\frac{3\pi i}{2}$$
しかし，以前にみたとおり，この積分値は $I = \pi i/2$ である．上の計算のどこが間違っているのかを指摘し，修正せよ．

4.7 ある複素関数 $f(z)$ について周回積分を行った結果，$\oint_C f(z) dz = 0$ であることがわかった．$f(z)$ は正則関数であるといいきれるか．（「モレラの定理」なるものが存在するので，調べてみよ．)

4.8 複素 2 次関数 $P(z) = (z-a_1)(z-a_2)$ について，周回積分
$$I = \frac{1}{2\pi i} \oint_C \frac{P'(z)}{P(z)} dz$$
を考える．ただし，$P'(z) = dP(z)/dz$ である．

（1）複素数 a_1, a_2 が C の内部にある場合，外部にある場合，一致 ($a_1 = a_2$) している場合，などに注意して，積分 I を計算せよ．

（2）（1）の結果を，一般に n 次多項式関数 $P(z) = (z-a_1)(z-a_2) \cdots (z-a_n)$ に拡張した場合について議論せよ．

（3）積分 I が一般に何を表すか，説明せよ．

4.9 実変数 t に関する次の定積分を計算したい．

$$I = \int_0^{2\pi} \frac{4}{5 + 4\sin t}\,dt \tag{4.17}$$

ここで, $z = e^{it}\,(t:0\to 2\pi)$ なる複素数を考えると,

$$\sin t = \frac{z-\bar{z}}{2i} = \frac{1}{2i}\left(z - \frac{1}{z}\right), \qquad \frac{dz}{dt} = ie^{it} = iz$$

より, (4.17) 式が

$$\oint_C \frac{4}{5 + \frac{2}{i}\left(z - \frac{1}{z}\right)} \frac{dz}{iz} = \oint_C \frac{2}{z^2 + \frac{5}{2}iz - 1}\,dz = \oint_C \frac{2}{(z + 2i)\left(z + \frac{i}{2}\right)}\,dz \tag{4.18}$$

と変形できる. ここで, 経路 C は半径 1 の円周を正に向き付けたものである.

(1) もともと, 複素積分 (4.18) を計算したかったと考えよう. この積分は, 経路 C 上の変数を $z(t) = e^{it}\,(t:0\to 2\pi)$ とパラメータ表示して実行できる. これが (4.17) 式と一致することを確認せよ.

(2) 複素積分 (4.18) を実行し, 所望の実定積分を計算せよ.

4.10 演習問題 **4.9** で用いた方法により, 実変数 t に関する次の定積分を計算せよ (a は $0 < a < 1$ を満たす定数である).

(1) $\displaystyle\int_0^{2\pi} \frac{24}{13 + 12\sin 2t}\,dt$ (2) $\displaystyle\int_0^{2\pi} \frac{1}{1 + 2a\sin t + a^2}\,dt$

4.11 次の実定積分を計算したい.

$$I = \int_0^\infty \frac{\sin x}{x}\,dx$$

これを, 複素関数 $f(z) = e^{iz}/z$ の周回積分 $\oint_C f(z)\,dz$ を利用することで計算せよ. ただし, C は図 4.19 に示す経路であり, 計算過程で $r \to +0,\ R \to \infty$ なる極限をとる.

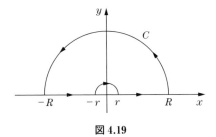

図 4.19

4.12 次の実定積分を計算したい (これはフレネル積分とよばれる).

$$I = \int_0^\infty \cos x^2 \, dx$$

これを，複素関数 $f(z) = e^{-z^2}$ の周回積分 $\oint_C f(z)dz$ を利用することで計算せよ．ただし，C は図 4.20 に示す扇形の経路であり，計算過程で $R \to \infty$ なる極限をとる．(ヒント：$R \to \infty$ で $\int_{AB} f(z)dz \to 0$ を証明せよ．)

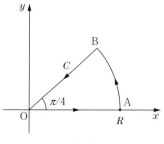

図 4.20

4.13 次の複素積分を，始点が $z_P = -1$，終点が $z_Q = 1$ に固定された様々な経路 C で計算したい．

$$I_C = \int_C f(z) dz, \qquad f(z) = \frac{1}{z^2+1}$$

（1） 図 4.21 で示される経路 C_1 に対して，I_{C_1} を計算せよ．

（2） 図 4.21 で示される経路 C_2 に対する積分 I_{C_2} は，経路を変形することで $I_{C_2'}$ と等値できる．ただし，C_2' は z_P と z_Q を結ぶ直線経路，$z = +i$ 周りの円周，そして，これらを結ぶ往復経路から成るものである．これを利用して I_{C_2} を計算せよ．

（3） 図 4.21 で示される経路 C_3 に対して，I_{C_3} を計算せよ．

（4） どのような経路 C をとっても，I_C は実数であることを証明せよ．

（5） 経路 C をいろいろと動かすとき，$|I_C|$ の最小値を求めよ．

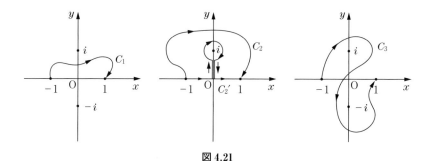

図 4.21

4.14 次の複素積分を，始点が $z_P = 0$，終点が $z_Q = 3$ に固定された様々な経路 C で計算したい．

$$I_C = \int_C f(z)dz, \qquad f(z) = \frac{z}{(z-1)(z-2)}$$

（1） 図 4.22 で示される経路 C_1 に対する積分 I_{C_1} は，経路を変形することで $I_{C_1'}$ と等値できる．ただし，C_1' は $z = 1, 2$ を中心とする半径 $\varepsilon < 1/2$ の半円，およびそれらと z_P, z_Q を結ぶ実軸上の線分からなる経路である．これを利用して I_{C_1} を計算せよ．

（2） 図 4.22 で示される経路 C_2 に対して，I_{C_2} を計算せよ．

（3） 図 4.22 で示される経路 C_3 に対して，I_{C_3} を計算せよ．

（4） 経路 C をいろいろと動かすとき，$|I_C|$ の最小値を求めよ．

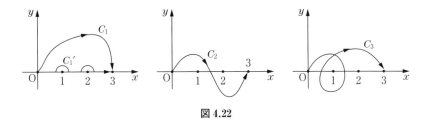

図 4.22

4.15 次の 2 種類の複素積分を，始点が $z_P = 1$，終点が $z_Q = w = re^{i\theta}$ に固定された様々な経路 C で計算したい．

$$f(w) = \int_C \frac{1}{z}dz, \qquad g(w) = \int_C \frac{1}{z^2}dz$$

（1） 図 4.23 のように，2 つの関数 $1/z$, $1/z^2$ の特異点 $z = 0$ を左にみて w に至る経路 C_1 を考える．すると各積分は，定理 4.4 から，中心 O，半径 r の円弧 C_1' における積分に等値できる．これを利用して，$f(w)$, $g(w)$ を求めよ．

（2） 次に，特異点 $z = 0$ を右にみて w に至る経路 C_2 を考える．（1）の場合と同様に，積分は中心 O，半径 r の円弧 C_2' におけるそれに等値できる．これを利用して，$f(w)$, $g(w)$ を求めよ．

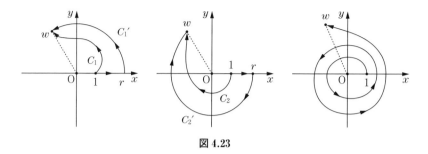

図 4.23

（3） 最後に，特異点 $z=0$ を n 回回って w に至る経路の場合で計算を実行せよ．また，$f(w)$ と $g(w)$ の違いを説明せよ．

4.16 次の複素周回積分の値はゼロにはならない．

$$I = \oint_{|z|=1} \sqrt{z}\, dz$$

一方，$f(z) = \sqrt{z}$ は $\bar{z}$ を含んでおらず，複素平面全域で正則であるようにみえる．しかしそうだとすると，$I \neq 0$ という結果はコーシーの積分定理と矛盾する．問題点を指摘して修正せよ．

Chapter 5
級数展開と留数

　冒頭から少々話が飛ぶのだが，0.1.3項で復習した実関数のテイラー展開を思い出そう．これは，「実関数をベキ級数（＋誤差）で表す」というものである．この級数の展開係数は元の関数についての貴重な情報を含んでおり，ゆえに，ベキ級数を有限次で打ち切ったものが近似関数として使えるということであった．このChapterでは，この事実の複素数版がどうなるかを調べる．展開係数はどんな有益な情報を含んでいるだろうか．この解析は予想外の拡がりをみせ，積分と密接に結び付いていくのである．

🎕 Chapter 5 のストーリー 🎕

5.1 節　まずは複素数におけるベキ級数の定義を与え，その収束領域を特定する方法について述べる．

5.2 節　この節では，注目領域で正則な関数をベキ級数展開する方法について述べる．まず5.2.1項で準備練習をしておく．特に，展開する場所によって収束領域の大きさが変化するという事実がわかる．次の5.2.2項が本題で，任意の正則関数をベキ級数展開する方法について述べる．鍵となるアイデアは，コーシーの積分公式によって，この関数を積分表示しておくというものである．事前にコーシーの積分公式を再確認しておこう．

5.3 節　ここに来て，我々は前節までの内容に不満をもつことになる．いま我々は，積分問題では，注目領域内に特異点をもつ関数が主役であることを知っているため，そのような関数の級数展開を議論すべきであると思い至るわけである．この非自明な問題に対して，まず5.3.1項で練習を行う．級数展開する領域を穴空きドーナツ領域にしておく，という突飛なアイデアをここで学ぶ．これがローラン展開である．それを基に，5.3.2項でローラン展開の一般論を議論する．証明はスキップしてもよいが，例題5.5はしっかりと理解して先へ進んでもらいたい．

5.4節 ローラン展開の動機は積分にあったので，その展開係数は積分計算の役に立ってしかるべきである．この予想は，期待をはるかに上回る形で肯定される．留数定理がそれである．5.4.2項では，その有用性を強化するある便利な公式を与える．4.3.2項で2ページ強費やして計算した積分が，わずか3行で実行できる有様に感動してほしい．

5.5節 留数定理に関する補足事項であり，初読の際は飛ばしても構わない．

5.6節 4.4節で実定積分への応用法を述べたが，その計算法を一般化した定理5.5がここで提示される．複素関数論の創始者の1人であるコーシーの夢は，種々の定積分計算法の統一であったという．その夢の成就をもって，このChapterは終わる．

5.1 ベキ級数

まずはベキ級数の複素数版を定義し，その取り扱い方について述べる．

5.1.1 ベキ級数とその収束半径

実関数の類推から，複素ベキ級数を次の形の複素関数として定義する[1]．

$$f(z) = \sum_{n=0}^{\infty} a_n (z-b)^n \tag{5.1}$$

ここで a_n, b は複素数であり，特に $b \in \mathbb{C}$ は $f(z)$ の"中心"とよばれる（理由はすぐ後で判明する）．実関数の場合と同じく無限個の複素数を足しているので，z の値によっては級数が発散するかもしれない．そこで，まずはそのような発散が起こらないような z の領域を特定しよう．そのため，次式のように，$f(z)$ の絶対値を評価してみる．

$$|f(z)| = \left| \sum_{n=0}^{\infty} a_n (z-b)^n \right| \leq \sum_{n=0}^{\infty} |a_n (z-b)^n| = \sum_{n=0}^{\infty} |a_n| \cdot |z-b|^n \tag{5.2}$$

最初の不等式は三角不等式を繰り返し使ったものである（問題1.5の（3）

---

[1] 早速，恣意的なものを感じたかもしれない．$\bar{z}$ を含めずに定義しているのである！当然，複素ベキ級数はそれが収束する領域内で正則である．

を参照).また,積と絶対値を交換してもよいことに注意(例題 1.2 の(3)を参照).

さて,いま
$$|z - b| < r \qquad (5.3)$$
なる領域に含まれている z に注目しよう.これは図 5.1 に示す,中心 $b \in \mathbb{C}$,半径 r の円を境界とする開領域である.この領域内の任意の z については,(5.2)式はさらに
$$|f(z)| < \sum_{n=0}^{\infty} |a_n| r^n \qquad (5.4)$$

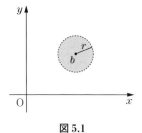

図 5.1

という実数の級数で上から押さえられる.これが収束してくれれば $f(z)$ の絶対値が定まることになり,したがって $f(z)$ 自身が定義できることになる.以上をもとにして,複素ベキ級数を定義しよう.

定義 5.1

(5.4)式の右辺で与えられる実級数が収束するとき,円型開領域 (5.3) の内部で,複素ベキ級数 (5.1) は **絶対収束** するという.さらに,$|z - b| > r$ で級数が発散するとき,r を **収束半径** とよぶ.

=〈例題 5.1〉

次の複素ベキ級数の収束半径を求めよ.

(1) $f(z) = \sum_{n=0}^{\infty} \dfrac{1}{n!} z^n$ (2) $f(z) = \sum_{n=0}^{\infty} z^n$

〈解〉 (1) 定義に従い,円型開領域 $|z| < r$ に注目しよう(中心はゼロである).この領域内の点 z に対しては,ベキ級数の絶対値は実級数
$$\sum_{n=0}^{\infty} \frac{r^n}{n!}$$
で上から押さえられる.実関数論でよく知られているように,これは **任意の** $r < \infty$

に対して $e^r = \sum\limits_{n=0}^{\infty}(r^n/n!)$ に収束する．つまり，このベキ級数の収束半径は無限大であり，任意の z に対して $f(z)$ が定義できる．

さて，せっかく複素平面全域で定義可能であることがわかったので，特にこのベキ級数を実指数関数にならって

$$e^z = \sum_{n=0}^{\infty}\frac{1}{n!}z^n \tag{5.5}$$

と表すことにする．実は，複素指数関数を正確に定義するには，以上のステップが必要だったのである．

（2） 上と同様，円型開領域 $|z| < r$ に注目する．このとき，評価すべき実級数は $\sum\limits_{n=0}^{\infty} r^n$ となる．ここで，等比数列の和の公式

$$\sum_{n=0}^{N} r^n = \frac{1-r^{N+1}}{1-r}$$

を思い出そう（$r \neq 1$ とする）．直ちにわかるとおり，この和が収束するためには $0 < r < 1$ が必要十分である．つまり，このベキ級数は領域 $|z| < 1$ で絶対収束し，また収束半径は 1 である．

さらに以下に示すように，収束先の関数が具体的に計算できる．まず，上の等比級数の公式と同様に，

$$S_N = \sum_{n=0}^{N} z^n = \frac{1-z^{N+1}}{1-z}$$

が成り立つ（$S_N - zS_N$ を計算すればよい）．いま，この z は $|z| < 1$ を満たしているので，オイラーの公式から $z = re^{i\theta}$ （$0 < r < 1$）と表せる．このとき $z^{N+1} = r^{N+1}e^{i(N+1)\theta}$ となり，$N \to \infty$ で $r^{N+1} \to 0$ なので，$z^{N+1} \to 0$ が成り立つ．結局，次の公式を得る．

$$\sum_{n=0}^{\infty} z^n = \frac{1}{1-z} \quad (|z| < 1) \tag{5.6}$$

後々わかることだが，実は，この簡単な公式は極めて重要かつ有用である． ◆

5.1.2 収束半径の評価法

ベキ級数の収束半径を求めるための便利な公式として，次の定理が知られている．

定理 5.1

ベキ級数 (5.1) について,次の極限値が存在すると仮定する.

（1） $r_1 = \lim_{n\to\infty} \dfrac{|a_n|}{|a_{n+1}|}$ （2） $r_2 = \overline{\lim_{n\to\infty}} |a_n|^{1/n}$ （5.7）

このとき,（1）の場合であれば r_1 が,（2）の場合であれば $1/r_2$ がベキ級数 (5.1) の収束半径を与える.ただし,$\overline{\lim}$ は上極限を意味する.

（2）について補足する.まず,数列がただ 1 つの収束先をもたなくても（例えば,永久に振動し続ける等）,その数列を上から押さえる正の数 r_2 が 1 つ定まるとき,それを**上極限**とよぶ.さらに,実は（2）は $r_2 = +\infty$ の場合でも使え,このときは収束半径 $= 0$ を意味する.ただ,これは「中心 b から少しでも外れた z を (5.1) 式に代入すると発散してしまう」ということであり,そんなたちの悪いベキ級数を考える必要はないだろう.定理 5.1 を実際に使ってみる前に,"比"と"n 乗根"が出てくる根拠について直観的に理解してみよう.詳しい証明は実関数の場合と同じであり,適当な解析の本に載っているので参照してほしい.

まず（1）の場合であるが,これは大きな添字 n に対して,和の各項が小さくなる場合に相当する.すなわち,
$$|a_n|\cdot|z|^n > |a_{n+1}|\cdot|z|^{n+1}$$
これより,$|z| < |a_n|/|a_{n+1}|$ を得る.

次に（2）の場合は,大きな添字 n に対して,和の各項が 1 未満となる場合に相当する.すなわち,
$$|a_n|\cdot|z|^n < 1$$
これより,$|z| < 1/|a_n|^{1/n}$ を得る.

═══〈例題 5.2〉═══

次の複素ベキ級数の収束半径を求めよ.

5.1 ベキ級数

（1） $f(z) = \sum_{n=0}^{\infty} n z^n$ 　（2） $f(z) = \sum_{n=0}^{\infty} n z^{2n}$

〈解〉 （1） $a_n = n$ であるから，
$$\lim_{n\to\infty} \frac{|a_n|}{|a_{n+1}|} = \lim_{n\to\infty} \frac{n}{n+1} = 1$$
を得る．ゆえに定理 5.1 の（1）より，収束半径は $r_1 = 1$ である．このことは，定理 5.1 の（2）からも確認できる．実際，$|a_n|^{1/n}$ の代わりに $\log(|a_n|^{1/n})$ を評価してみると，$\lim_{n\to\infty} \log(|a_n|^{1/n}) = \lim_{n\to\infty} (\log n)/n = 0$ となるので，$\lim_{n\to\infty} |a_n|^{1/n} = 1$ がわかる．なお，係数数列自身は $a_n = n \to \infty$ と発散するが，$|z| < 1$ の範囲では $a_n z^n$ は発散せず，さらにそれを無限個足し合わせても発散しないわけである．

（2） $a_n = n$ としてしまいそうだが，これは間違いである．実際，$f(z)$ を陽に書き下してみると，
$$f(z) = 0 \cdot z^0 + 1 \cdot z^2 + 2 \cdot z^4 + 3 \cdot z^6 + \cdots$$
となる．つまり，$f(z)$ は偶数の累乗関数からなるベキ級数であったわけである．ゆえに，その係数は，
$$a_n = \frac{n}{2} \quad (n \text{ が偶数のとき}), \quad a_n = 0 \quad (n \text{ が奇数のとき})$$
となる．このような数列に対しては a_n/a_{n+1} が定義できないので，定理 5.1 の（1）の判定法は使えない．他方，（2）の方法は使えるのである．

いま，$|a_n|^{1/n}$ は n が偶数のとき $(n/2)^{1/n}$ であり，これは 1 に収束する（$\log\{(n/2)^{1/n}\} = (\log n - \log 2)/n \to 0$ なので）．他方，n が奇数のときは $a_n = 0$ なので，当然，$|a_n|^{1/n} \to 0$ である．以上より，
$$|a_n|^{1/n} \to 1 \quad (n \text{ が偶数のとき}), \quad |a_n|^{1/n} \to 0 \quad (n \text{ が奇数のとき})$$
が得られる．上極限というのは，このような，収束先が一意に定まらない状況でも使える．実際，いまの場合
$$\varlimsup_{n\to\infty} |a_n|^{1/n} = 1$$
であり，ゆえに収束半径は $r = 1$ である． ◆

|問題 5.1| 次の複素ベキ級数の収束半径を求めよ．

（1） $f(z) = \sum_{n=0}^{\infty} n^{10} z^n$ 　（2） $f(z) = \sum_{n=0}^{\infty} \frac{n^n}{n!} z^n$ 　（3） $f(z) = \sum_{n=0}^{\infty} n! z^{n!}$

問題 5.2 ベキ級数 $f(z) = \sum_{n=0}^{\infty} a_n(z-b)^n$ の収束半径が $r = \lim_{n\to\infty} \frac{|a_n|}{|a_{n+1}|} < \infty$ であるとする．いま，収束領域 $|z-b| < r$ の内部で $f(z)$ は正則であり，ゆえに微分 $f'(z) = \sum_{n=0}^{\infty}(n+1)a_{n+1}(z-b)^n$ が定義できる．$f'(z)$ の収束半径が r であることを証明せよ．

5.2 ベキ級数展開

前節で準備ができたので，いよいよ，複素関数をベキ級数展開する試みを開始しよう．つまり，与えられた $f(z)$ を (5.1) 式の形に展開することを考える．展開できたら，必要なだけの係数数列 $\{a_n\}$ を用いて，元の関数 $f(z)$ を近似することができる．1 次近似の関数 $a_0 + a_1(z-b)$ が十分に $f(z)$ の代わりになることもあるし，それで不十分であれば，2 次まで精度を上げて $a_0 + a_1(z-b) + a_2(z-b)^2$ を使ってみればよい．

5.2.1 有理関数のベキ級数展開

まずは練習として，有理関数をベキ級数展開することを考えよう．特に，

$$f(z) = \frac{1}{1-z} \tag{5.8}$$

なる単純な関数を対象とする．これは $z=1$ で発散し，したがって，この特異点で正則ではない．しかし，$z=1$ を除くすべての点で $f(z)$ は正則である（$\bar{z}$ を含んでいないので）．

さて，ベキ級数はある点を中心とする円型開領域の内部で定義できるのであった．そのため，単にベキ級数展開するといっても，どこで展開するかを気にしないといけない．以下では，まず円型領域の中心だけ決めておいて，収束半径を適宜求める，という方針をとろう．

最初に，$b=0$ を中心とする円型領域でベキ級数展開してみる．しかし，この答えはすでに例題 5.1 の（2）で与えられている．つまり，

$$f(z) = \sum_{n=0}^{\infty} z^n \tag{5.9}$$

5.2 ベキ級数展開

なる展開が可能である．同時に，これが $|z| < 1$ で絶対収束することがわかっているので，結局，$f(z)$ は中心ゼロ，半径 1 の円型開領域で (5.9) 式のようにベキ級数展開できることがわかった（図 5.2）．展開係数はすべての n で $a_n = 1$ である．特異点 $z = 1$ は境界線上にあり，つまりギリギリで収束領域に入っていない．

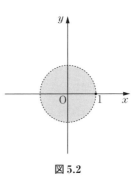

図 5.2

次に，$b = i$ を中心とする円型開領域の内部で $f(z)$ をベキ級数展開することを考えよう．ここで，円周が特異点 $z = 1$ を内部に含まないようなギリギリ最大の円の半径は，1 と i の間の距離 $|1 - i| = \sqrt{1^2 + (-1)^2} = \sqrt{2}$ である．そこで，中心 $b = i$，半径 $\sqrt{2}$ の円の内部が収束領域であると期待して展開を試みよう．

いま，図 5.3 で示すとおり，この領域内の任意の点 z は $|z - i| < |1 - i| = \sqrt{2}$ を満たす．ポイントは，この条件式が

$$\left| \frac{z - i}{1 - i} \right| < 1 \quad (5.10)$$

と書き換えられる点にある．この **"絶対値が 1 未満"** という条件が成り立てば，等式 (5.6) が使える！実際，$f(z)$ は円型領域 $|z - i| < \sqrt{2}$ において次のようにベキ級数展開できる．

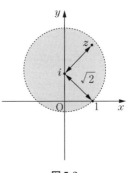

図 5.3

$$f(z) = \frac{1}{1 - z} = \frac{1}{1 - i - (z - i)} = \frac{\frac{1}{1 - i}}{1 - \frac{z - i}{1 - i}}$$

$$= \frac{1}{1 - i} \sum_{n=0}^{\infty} \left(\frac{z - i}{1 - i} \right)^n = \sum_{n=0}^{\infty} \frac{1}{(1 - i)^{n+1}} (z - i)^n \quad (5.11)$$

展開係数は $a_n = 1/(1 - i)^{n+1}$ である．

上でわかったように，関数は同じでも，どこで展開するかによって展開係

数はもちろん，収束半径も異なってくる．$b=0$ を中心としてベキ級数展開したときは，収束半径は 1 であった．一方，$b=i$ を中心として展開すると，収束半径は $\sqrt{2}$ となる．つまり，**より広い領域で展開できている**．

例えば，点 $z=i$ 周辺における $f(z)$ の近似多項式が欲しいとしよう．この点は開領域 $|z|<1$ の外にあり，ゆえに (5.9) 式を用いることはできない．しかし，展開式 (5.11) の有効領域は $z=i$ をカバーしており，したがって，これを近似多項式として用いることは可能である．例えば，$n=3$ で打ち切った近似多項式は

$$\tilde{f}(z) = \frac{1}{1-i} + \frac{1}{(1-i)^2}(z-i) + \frac{1}{(1-i)^3}(z-i)^2 + \frac{1}{(1-i)^4}(z-i)^3$$

で与えられる．これより高次の項はその係数が $|a_4|=1/|1-i|^5 = 1/4\sqrt{2}$ より小さく，上の3次多項式は十分良い近似式として機能するだろう．

問題 5.3 $f(z)=1/(1-z)$ を点 $b\in\mathbb{C}$ の周りでベキ級数展開せよ．また，収束半径を求めよ．

5.2.2 正則関数のベキ級数展開

前項の練習でベキ級数展開の感じがつかめた．ではいよいよ，一般の複素関数 $f(z)$ のベキ級数展開を行おう．仮定として，$f(z)$ は図 5.4 の灰色の領域で示す非正則領域を有しているとする．この非正則領域は，$f(z)$ の特異点たちをまとめて囲み込んだ"進入禁止"領域とみなしておけばよい（例題 3.4 の (2) を参照)[2]．どのような領域で展開を試みるべきだろうか．

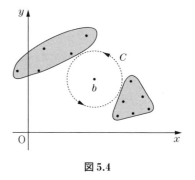

図 5.4

---

[2] 演習問題 4.5 の関数のように，非正則な点のみからなる"真に非正則な領域"をもつものもある．

5.2 ベキ級数展開

まずは何といっても，$f(z)$ の正則性が保証されている領域に注目するべきだろう．特に前項での練習から，どうやら，特異点にひっかからないギリギリ最大の円型開領域の内部でベキ級数展開できそうである．ここでは，図5.4 で示す円型開領域を考えよう．円の中心をいままでどおり $b \in \mathbb{C}$ と書いておく．また，周囲の円を正に向き付けた経路を C とする．つまり，C の内部で $f(z)$ は正則である．目標は，この領域内で $f(z)$ をベキ級数展開することである．

ここで，議論がやや飛躍する．コーシーの積分公式 (4.14) を使うのである．つまり，C 内の任意の点 z において $f(z)$ を次式のように積分表示しておく．

$$f(z) = \frac{1}{2\pi i} \oint_C \frac{f(w)}{w-z} dw$$

ここでは (4.14) 式における $a \in \mathbb{C}$ を z，積分変数 z を w と変更して用いている．この積分表示の利点は明らかで，z の関数としては，

$$g_w(z) = \frac{1}{w-z}$$

という単純な有理関数だけを相手にすればよいのである！ここで w は C 上の点であるから，図 5.5 で示すとおり，中心 b から w までの距離は b から C 内の点 z までの距離よりも長くなる．つまり，$|w-b| > |z-b|$ となり，これより

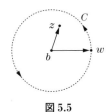

図 5.5

$$\left| \frac{z-b}{w-b} \right| < 1$$

が成り立つ．ゆえに，次式で示すとおり，以前と同様の計算で $g_w(z)$ が C 内でベキ級数展開できる．

$$g_w(z) = \frac{1}{w-z} = \frac{1}{w-b-(z-b)} = \frac{\dfrac{1}{w-b}}{1 - \dfrac{z-b}{w-b}}$$

$$= \frac{1}{w-b} \sum_{n=0}^{\infty} \left(\frac{z-b}{w-b}\right)^n \qquad (5.12)$$

これを $f(z)$ の積分表示の式に代入すれば，次式を得る．

$$f(z) = \frac{1}{2\pi i} \oint_C g_w(z) f(w) \, dw$$

$$= \sum_{n=0}^{\infty} \left[\frac{1}{2\pi i} \oint_C \frac{f(w)}{(w-b)^{n+1}} \, dw \right] (z-b)^n \qquad (5.13)$$

このようにして，$f(z)$ のベキ級数展開が得られた．また，この表現はさらに簡単化することが可能である．実際，(4.16) 式によれば，n 次の展開係数は $f^{(n)}(b)/n!$ に他ならない．すなわち，

$$f(z) = \sum_{n=0}^{\infty} \frac{f^{(n)}(b)}{n!} (z-b)^n \qquad (5.14)$$

となる．

ここで，重要な事実に気づく．我々は，C 内で正則であること以外，$f(z)$ に何の条件も課していなかったのである．つまり，**正則関数は常にベキ級数で表せる！** 一般に（問題 5.2 で明記したように）すべてのベキ級数は収束円内で正則であるが，その逆も成り立ち，**すべての正則関数の正体はベキ級数である**，ということである．

正確な表現で結果をまとめておこう．

定理 5.2

$f(z)$ が，ある円型開領域内で正則であるとする．このとき，この領域内で，$f(z)$ は常に (5.14) 式の形でベキ級数展開できる．

展開式 (5.14) は，$f(z)$ の**テイラー展開**ともよばれる．事実，(5.14) 式は実関数の場合のテイラー展開 (0.6) とほとんど同じ形をしている．では違いはどこにあるかというと，**複素正則関数のテイラー展開には"誤差"の項が決して現れないのである**[3]．すなわち，n に関する和を十分に大きくとれば（つまり，展開項を多くとって近似精度を高めていけば），$n \to \infty$ の極限

5.2 ベキ級数展開

で，その近似関数はもとの関数 $f(z)$ を完全に再現することが保証されている．

〈例題 5.3〉

複素関数

$$f(z) = \frac{z}{(z-1)(z-2)} = \frac{-1}{z-1} + \frac{2}{z-2} \qquad (5.15)$$

を，領域 $D = \{z : |z| < 1\}$ でベキ級数展開せよ．

〈解〉 D は中心 $z = 0$，半径 1 の円型開領域である．明らかに，$f(z)$ は D 内に特異点をもたない．ゆえに，$f(z)$ は $f(z) = \sum_{n=0}^{\infty} a_n z^n$ の形にベキ級数展開できる．

いま条件は $|z| < 1$ であるから，まず (5.15) 式の第 1 項はそのまま $\sum_{n=0}^{\infty} z^n$ と展開できる．さらに

$$\left|\frac{z}{2}\right| = \frac{|z|}{2} < \frac{1}{2} < 1$$

であるから，(5.15) 式の第 2 項は

$$\frac{-2}{2-z} = \frac{-1}{1-\frac{z}{2}} = -\sum_{n=0}^{\infty} \left(\frac{z}{2}\right)^n \qquad (5.16)$$

と展開でき，以上より，$f(z)$ は次のようにベキ級数展開できる[4]．

$$f(z) = \sum_{n=0}^{\infty} \left(1 - \frac{1}{2^n}\right) z^n$$

念のために繰り返すと，これはあくまで領域 $|z| < 1$ で有効な展開式である．

---

[3] 実関数 $f(x)$ に対してテイラー展開を求める手法は次のとおりである（$x = 0$ の周りで展開する場合）．まず，$f(x)$ は N 階まで微分可能であるとする．その上で，$f(x) = \sum_{n=0}^{N} a_n x^n +$（誤差）の形を仮定する．すると両辺を次々と微分し $x = 0$ を代入することで，$a_n = f^n(0)/n!$ を得る．しかしこの方法では，（誤差）の項がゼロになるかどうかは，一般には不明である．複素関数ではコーシーの積分公式が成り立ち，ゆえに（誤差）$= 0$ が一般レベルで証明できたのである．同時に，いかなる領域で級数が収束するかも判明していることに注意しよう．

[4] この導出法からわかるとおり，ベキ級数展開を求めるに当たって積分表示 (5.13) を用いることはしない．(5.14) 式は有用であるが，ここではそれさえも不要である．"絶対値 1 未満の公式"は，実際それが使えるならば非常に強力である．

$z = 3/2$ などは特異点ではないが，これは $|z| < 1$ を満たしていないので，上の展開式に代入してはいけない．（実際，このような点を代入すると級数が発散する．）また，展開係数の第 2 項は急速に減少し，$z = 0$ 付近の近似多項式としては，ほぼ $\sum_{n=0}^{\infty} z^n$ で問題ないこともわかる． ◆

〈例題 5.4〉

関数 $f(z) = \sin z \cdot (e^{-2z} - 1)/z^2$ を，$z = 0$ を中心として 2 次までベキ級数展開した $\tilde{f}(z)$ を求めよ．また，収束半径はいくらか．

〈解〉 $\sin z$ と e^{-2z} はベキ級数で定義されており，これらは収束半径無限大なので，$f(z)$ も半径無限大の円型領域（つまり $\mathbb{C}$ 全域）でベキ級数展開可能である．$\sin z$ と e^{-2z} を 3 次までで打ち切ったものを与式に代入すると

$$\frac{1}{z^2}\left(z - \frac{z^3}{6}\right)\left\{1 - 2z + \frac{(-2z)^2}{2} + \frac{(-2z)^3}{6} - 1\right\} = \left(1 - \frac{z^2}{6}\right)\left(-2 + 2z - \frac{4z^2}{3}\right)$$

となるので，これを 2 次までで打ち切った $\tilde{f}(z) = -2 + 2z - z^2$ が，求めるベキ級数展開である．

なお，$z = 0$ で関数値 $\tilde{f}(0) = -2$ が定まるが，元の関数は $z = 0$ を除外して定義されている．この意味で，$z = 0$ は**除去可能な特異点**とよばれる． ◆

問題 5.4 次の関数を，$z = b$ を中心としてベキ級数展開せよ．また，収束半径を求めよ．

（1）$f(z) = \dfrac{1}{1 - z^2}$ $(b = 0)$ （2）$f(z) = \dfrac{1}{1 + z^2}$ $(b = 1)$

問題 5.5 次の関数を，$z = 0$ を中心として 2 次までベキ級数展開した $\tilde{f}(z)$ を求めよ．

（1）$f(z) = \tan z$ （2）$f(z) = \dfrac{\sin z}{1 - z}$ （3）$f(z) = \dfrac{e^z}{1 - \sin z}$

5.3　ローラン展開

ある領域内で正則である複素関数をベキ級数展開する方法は，前節で完全に把握することができた．何度も述べているとおり，その展開係数は関数の

情報を含んでおり，近似計算などに有効利用できる．一方で，いま我々は，積分に関する問題においては正則関数はさほど興味深い関数ではないことを知っている．正則関数は周回積分で無条件にゼロになってしまい，何の非自明な結果をもたらさないからである．

積分問題においては，考えている閉経路の内部で正則性が保証されていない関数，いいかえると，その領域内で特異点を含んでいる関数こそが興味ある対象である．**もし，そのような領域で何らかの意味での級数展開ができるなら，その展開係数は積分において重要な情報源となるはずである．**そのような級数展開が可能だろうか．この疑問が，本節で行う解析の動機である．

5.3.1 非正則関数の級数展開

まず，ベキ級数展開の導入部で考察した簡単な有理関数 (5.8) を再考しよう．前節でみたとおり，この関数は，特異点 $z=1$ を内部に含まない円型開領域で常にベキ級数展開可能である．しかし例えば，いまこの関数を経路 $C:|z|=3$ に沿って周回積分したいとしよう．この経路 C を完全に含む領域内で $f(z)$ を級数展開できないだろうか．

まず，C は特異点 $z=1$ を内部に含んでいるので，C を完全に含み，かつその内部全体で $f(z)$ が正則であるような円型領域は存在しないことがすぐにわかる．ゆえに，C 上で関数 $f(z)$ を**ただ 1 つのベキ級数で展開すること
はできない**[5]．しかし，以下に示すように，ベキ級数とは別種の級数展開
によって $f(z)$ を表すことができるのである！

主たるアイデアは，**C を完全に含み，しかし特異点 $z=1$ を含まないような領域**で $f(z)$ を展開する，というものである．いまの場合であれば，図

---

5) $z=1$ を内部に含まない円型領域を**複数個**用意すれば，それらで C を覆い尽くすことができる．すると，それら各領域内で $f(z)$ をベキ級数展開することが可能なので，結局，C 上で定義された関数 $f(z)$ を "ベキ級数のツギハギ" で表すことが可能である．当然，このようなツギハギ関数は実用に堪えない．

5.6 で示すような，C を含む円型領域から $z = 0$ を中心とする半径 2 の円盤をくり抜いたドーナツ型開領域 D を採用することができる．D 内では $f(z)$ は正則である．そして，D 内の点 z と原点の間の距離は 2 より大きいので，常に $|z| > 2$ を満たす．この条件式から

$$\left|\frac{1}{z}\right| = \frac{1}{|z|} < \frac{1}{2} < 1$$

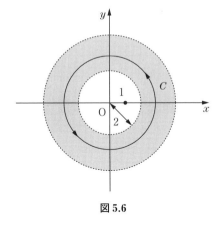

図 5.6

が得られる．つまり，"絶対値 1 未満"の条件式となっており，再び，公式 (5.6) が利用できそうである．実際，いま $f(z)$ は次のように級数展開できる．

$$f(z) = \frac{1}{1-z} = \frac{-1}{z-1} = \frac{-\frac{1}{z}}{1-\frac{1}{z}} = -\frac{1}{z}\sum_{n=0}^{\infty}\left(\frac{1}{z}\right)^n = -\sum_{n=0}^{\infty}\frac{1}{z^{n+1}}$$

これは有理関数による展開式であり，明らかに多項式による展開，つまりベキ級数展開ではない．このような級数展開を**ローラン展開**とよぶ．この式に $z = 0$, $z = 0.1$ などを代入してはいけない（級数が発散する）．上の展開式は，あくまでドーナツ領域 D の内部のみで有効なのである[6]．なお，展開係数は常に -1 である．

5.3.2 ローラン展開

前項で示したアイデアの一般化を試みよう．まず，複素関数 $f(z)$ が非正則領域を有しているとする．いま（積分計算をするなどの目的のため），この非

---

6) 厳密には，この級数展開が有効な領域は，複素平面全域から中心 0，半径 1 の円をくり抜いた"穴空き平面"（あるいは，内周半径が 1，外周半径が無限大のドーナツ領域）である．

5.3 ローラン展開

正則領域を**内部に含む**領域に興味があるとする．そこで，図5.7に示すように，興味ある領域から非正則領域を含む円盤をくり抜き，かつ他の非正則領域に接触しないようなドーナツ型の領域 D をつくる．特に，ドーナツの中心にある複素数を $b \in \mathbb{C}$ とする．D **内では** $f(z)$ **は正則である**．前項の例のように非正則領域がただ1つしかない場合は，外周が無限に広がっているドーナツ領域をとることができる．

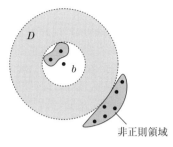

図 5.7

事前に，定理の形で結果を述べておこう．

定理 5.3

$f(z)$ は，中心を $b \in \mathbb{C}$ とするドーナツ型開領域の内部で正則であるとする．このとき，この領域内部で $f(z)$ は常に

$$f(z) = \sum_{n=-\infty}^{\infty} a_n (z-b)^n \tag{5.17}$$

のようにローラン展開できる．

ベキ級数展開との違いは，**添字 n がマイナス無限大からプラス無限大まで動く**ことである．そのため，前項の例でみたように，$1/(z-b)$ などの有理関数が展開項に現れる．繰り返すが，(5.17) 式はあくまでドーナツ領域内でのみ有効な展開式である．実際，このドーナツ領域に含まれない点 $z = b$ を代入すると，(5.17) 式は発散する．

［ローラン展開の証明］ 以下，定理を証明しよう．ただし実は，ここで示す内容は，ローラン展開の展開係数 a_n を計算するという目的には役に立たない．実際の計算においては，前項で示したようなテクニックを用いてローラン展開を求めるのである．したがって，ここでは証明法の大まかな流れを把握してもらえば十分である．

まず，ドーナツの外周を反時計回りに進む経路を C_1，内周を時計回りに進む経

路を C_2 とする．すると，図 5.8 で示すように，ドーナツに切れ込みを入れることで，その内部は，経路 $C = C_2 C_1$ および切れ込み部分で囲まれた開領域とみなせる．そうすると，この領域内部で $f(z)$ は正則なので，コーシーの積分公式が利用できる．特に切れ込み部分では動点が往復するために積分は打ち消し合って，結局，ドーナツ内部の任意の点 z において $f(z)$ は

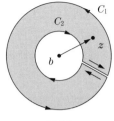

図 5.8

$$f(z) = \frac{1}{2\pi i} \oint_C \frac{f(w)}{w-z} dw$$
$$= \frac{1}{2\pi i} \oint_{C_1} \frac{f(w)}{w-z} dw + \frac{1}{2\pi i} \oint_{C_2} \frac{f(w)}{w-z} dw \quad (5.18)$$

と表せる．以下，ベキ級数展開の証明のときと同じく，右辺の各項において

$$g_w(z) = \frac{1}{w-z}$$

という有理関数の展開を行う．

第 1 項はベキ級数展開のときと全く同じである．いま w は C_1 上の点であるから，$|w-b| > |z-b|$ が成り立つ．これより，C 内で $g_w(z)$ を (5.12) 式のようにベキ級数展開することができる．これを積分表示の式に戻せば，結局，(5.18) 式の第 1 項は

$$\frac{1}{2\pi i} \oint_{C_1} g_w(z) f(w) dw = \sum_{n=0}^{\infty} \left[\frac{1}{2\pi i} \oint_{C_1} \frac{f(w)}{(w-b)^{n+1}} dw \right] (z-b)^n \quad (5.19)$$

となる．

次に第 2 項であるが，このときは w が C_2 上にいるため，$|w-b| < |z-b|$ が成り立つ．これは，前小節でみたとおり

$$\left| \frac{w-b}{z-b} \right| < 1$$

という形で "絶対値 1 未満" の条件式に変形できる．このとき，$g_w(z)$ は次のように級数展開できる．

$$g_w(z) = \frac{1}{w-z} = \frac{1}{w-b-(z-b)} = \frac{-\dfrac{1}{z-b}}{1 - \dfrac{w-b}{z-b}}$$
$$= -\frac{1}{z-b} \sum_{n=0}^{\infty} \left(\frac{w-b}{z-b} \right)^n$$

ゆえに，(5.18) 式の第 2 項は次式に帰着する．

5.3 ローラン展開

$$\frac{1}{2\pi i}\oint_{C_2} g_w(z)f(w)\,dw = \sum_{n=0}^{\infty}\left[\frac{-1}{2\pi i}\oint_{C_2}f(w)(w-b)^n dw\right]\frac{1}{(z-b)^{n+1}} \tag{5.20}$$

(5.19) 式の展開係数を a_n ($n \geq 0$), (5.20) 式の展開係数を a_{-n-1} ($n \geq 0$) とまとめて $\{a_n\}$ で表せば, 結局, (5.18) 式が

$$\begin{aligned}f(z) &= \sum_{n=0}^{\infty}a_n(z-b)^n + \sum_{n=0}^{\infty}a_{-n-1}(z-b)^{-n-1}\\&= \sum_{n=0}^{\infty}a_n(z-b)^n + \sum_{n=1}^{\infty}a_{-n}(z-b)^{-n}\\&= \sum_{n=-\infty}^{\infty}a_n(z-b)^n\end{aligned}$$

のようにローラン展開できることが示された. (証明終)

1点, 定理 5.3 の内容について注意しよう. 定理の直前で, ローラン展開を行うことの動機付けを明確にするべく, 非正則領域をくり抜くことでドーナツ領域をつくったが, 実はこの設定は不要である. 実際, くり抜かれた内側の円型領域内部で $f(z)$ は正則でした, という場合, それは (5.20) 式において $f(w)(w-b)^n$ が C_2 内で正則であるということに他ならないので, コーシーの積分定理より (5.20) 式はゼロとなる. ゆえにローラン展開 (5.17) において, その展開係数は $n \leq 0$ で $a_n = 0$ となる. これはベキ級数展開に他ならず, 当然, $z = b$ を代入しても問題ない. つまり, **ローラン展開可能であることを保証する定理 5.3 は, ベキ級数展開可能であることを保証する定理 5.2 を含んでいる.**

〈例題 5.5〉

複素関数

$$f(z) = \frac{z}{(z-1)(z-2)} = \frac{-1}{z-1} + \frac{2}{z-2} \tag{5.21}$$

を, 図 5.9 で示す次の領域 D でローラン展開せよ.

(1) $D = \{z : 1 < |z| < 2\}$ (2) $D = \{z : 0 < |z-1| < 1\}$
(3) $D = \{z : 2 < |z|\}$

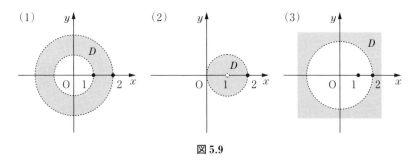

図 5.9

〈解〉 （1） 領域 D は中心 $z = 0$, 内径 1, 外径 2 のドーナツ型開領域の内部である. $f(z)$ の特異点 $z = 1$, $z = 2$ はそれぞれドーナツの内周, 外周上にあり, つまり, D はギリギリで特異点を含んでいないため,「展開せよ」と指定されたドーナツ領域の内部で, $f(z)$ は正則である. このときドーナツの中心は $z = 0$ なので, 定理 5.3 より, $f(z)$ は $f(z) = \sum_{n=-\infty}^{\infty} a_n z^n$ の形にローラン展開できる.

まず, 条件 $1 < |z|$ は $|1/z| < 1$ という"絶対値 1 未満"の条件で書き換えられるので, (5.21) 式の第 1 項は

$$\frac{-1}{z-1} = \frac{-\frac{1}{z}}{1 - \frac{1}{z}} = -\frac{1}{z}\sum_{n=0}^{\infty}\left(\frac{1}{z}\right)^n = -\sum_{n=0}^{\infty}\frac{1}{z^{n+1}} = -\sum_{n=1}^{\infty}\frac{1}{z^n} = -\sum_{n=-\infty}^{-1} z^n$$

と展開できる. 次に第 2 項は, いま $|z| < 2 \Leftrightarrow |z/2| < 1$ なので, (5.16) 式と全く同じ展開ができる. 結局, $f(z)$ のローラン展開は次式で与えられる.

$$f(z) = -\sum_{n=-\infty}^{-1} z^n - \sum_{n=0}^{\infty} \frac{1}{2^n} z^n \tag{5.22}$$

展開係数は

$$a_n = -1 \quad (n \leq -1), \qquad a_n = \frac{-1}{2^n} \quad (0 \leq n)$$

となる. ただ 1 種類の数列 $\{a_n\}$ では表せないことに注意しよう.

（2） 領域 D は中心が $z = 1$ で, この点 $z = 1$ をギリギリで含まないドーナツ領域である（ドーナツというより, 円盤の真ん中に無限に小さい穴を空けた領域）. いま, D 内で $f(z)$ は正則であるので, ローラン展開 $f(z) = \sum_{n=-\infty}^{\infty} a_n (z-1)^n$ が

可能である．

　まず注意すべきは，(5.21) 式の第 1 項はそのまま，この展開の形になっているということである．つまり，添字 $n=-1$ の項の係数は $a_{-1}=-1$ である．次に第 2 項であるが，これは $|z-1|<1$ の条件より，

$$\frac{-2}{2-z}=\frac{-2}{1-(z-1)}=-2\sum_{n=0}^{\infty}(z-1)^n$$

と展開できる．結局，ローラン展開は

$$f(z)=\frac{-1}{z-1}-2\sum_{n=0}^{\infty}(z-1)^n \tag{5.23}$$

となるので，その展開係数は次で与えられる．

$$a_n=0 \quad (n\leq -2), \quad a_n=-1 \quad (n=-1), \quad a_n=-2 \quad (0\leq n)$$

（3）領域 D は中心ゼロ，内径 2，外径無限大のドーナツ型開領域である．同じことであるが，これは，複素平面全域から中心ゼロ，半径 2 の円盤をくり抜いた穴開き領域である．$f(z)$ の特異点はくり抜いた円盤内に含まれているので，ゆえに $f(z)$ は D 内部でローラン展開できる．

　いま条件式は $|z|>2$ であり，これより次の 2 つの不等式を得る．

$$\left|\frac{2}{z}\right|=\frac{2}{|z|}<1, \quad \left|\frac{1}{z}\right|=\frac{1}{|z|}<\frac{1}{2}<1$$

ゆえに，(5.21) 式の第 1 項は

$$\frac{-1}{z-1}=\frac{-\frac{1}{z}}{1-\frac{1}{z}}=-\frac{1}{z}\sum_{n=0}^{\infty}\left(\frac{1}{z}\right)^n=\sum_{n=0}^{\infty}\frac{-1}{z^{n+1}}=\sum_{n=1}^{\infty}\frac{-1}{z^n}$$

と展開でき，さらに (5.21) 式の第 2 項は

$$\frac{2}{z-2}=\frac{\frac{2}{z}}{1-\frac{2}{z}}=\frac{2}{z}\sum_{n=0}^{\infty}\left(\frac{2}{z}\right)^n=\sum_{n=0}^{\infty}\frac{2^{n+1}}{z^{n+1}}=\sum_{n=1}^{\infty}\frac{2^n}{z^n}$$

と展開できる．結局，$f(z)$ は D において次のようにローラン展開できる．

$$f(z)=\sum_{n=1}^{\infty}\frac{2^n-1}{z^n}=\frac{1}{z}+\frac{3}{z^2}+\frac{7}{z^3}+\cdots$$

またも繰り返すが，この展開式は D に含まれる点においてのみ有効である．当然，$z=1$，$z=1+i$，$z=3/2$ などの D の外にある点を（それが特異点でなくても）

上の展開式に代入してはいけない．

問題 5.6 複素関数

$$f(z) = \frac{2}{z(z-1)(z-2)}$$

を，$z = 0$ を中心として，次の各領域 D でローラン展開せよ．

(1) $D = \{z : 0 < |z| < 1\}$ (2) $D = \{z : 1 < |z| < 2\}$

(3) $D = \{z : 2 < |z|\}$

5.4 留数定理

前節の冒頭で，ローラン展開を行う動機を考えたが，それは次のようなものであった．

いま，ある複素関数の周回積分を行いたいのだが，考えている閉経路の内部に非正則領域がある．興味があるのは，その閉経路上での関数の振る舞いである．そこで，この閉経路を含むドーナツ領域で関数をローラン展開してみれば，その展開係数は積分計算に有用な情報を含んでいるはずと予想しているのである．大いに期待して議論を進めてみよう．

5.4.1 留数と留数定理

いま，我々は一般の複素周回積分 $\oint_C f(z)dz$ を計算したい．被積分関数 $f(z)$ は，経路 C 内に m 個の特異点 $b_1, \cdots, b_m$ をもつとする．ここで，図 5.10 に示すように，特異点 b_k を中心とする小円 C_k を描こう．ただし，$C_1, \cdots, C_m$ たちは互いに重ならないように十分小さくとる．すると，定理 4.5 より，複素積分は

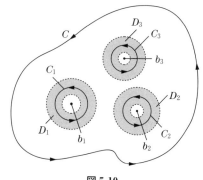

図 5.10

5.4 留数定理

$$\oint_C f(z)\,dz = \sum_{k=1}^m \oint_{C_k} f(z)\,dz \tag{5.24}$$

のように，C_k における周回積分の和に等置できる．

さて，特異点 b_k を中心とし，C_k を含み，かつ他の小円に接触しないようなドーナツ型開領域 D_k をつくろう（図 5.10）．すると D_k 内で $f(z)$ は正則なので，

$$f(z) = \sum_{n=-\infty}^\infty a_n^{(k)}(z-b_k)^n$$

のように b_k を中心としてローラン展開できる．展開係数は当然添字 k に依存するので，上付きの添字 (k) を用いて，このことを明示しておく．このとき，C_k における周回積分は

$$\oint_{C_k} f(z)\,dz = \sum_{n=-\infty}^\infty a_n^{(k)} \oint_{C_k} (z-b_k)^n\,dz$$

となる．ここで (4.7) 式より，右辺の積分は $n=-1$ のときのみ $2\pi i$，$n \neq -1$ のときはすべてゼロである．そのため，$\oint_{C_k} f(z)\,dz = 2\pi i a_{-1}^{(k)}$ となる．これを (5.24) 式に代入することで，結局，求めるべき積分を

$$\oint_C f(z)\,dz = 2\pi i \sum_{k=1}^m a_{-1}^{(k)}$$

と表すことができた．

これは驚くべき結果である．何度も述べたとおり，関数を級数展開したとき，その展開係数たちは展開した場所（中心）およびその場所における関数の振る舞いについて貴重な情報を与える．しかし，この結果は，周回積分を行う限りは，展開係数のうち有用なものは $a_{-1}^{(k)}$ のみであるといっているわけである．

いいかえると，**$n \neq -1$ に対応する展開係数たちはすべて役に立たないガラクタで，積分に必要なすべての情報は $a_{-1}^{(k)}$ に圧縮されている**ということである．実関数を対象とするとき，あるいは複素関数の場合でも周回積分が興味の対象でないときは，このような"展開係数の劇的な価値の違い"は現

れない[7]．そこで，価値をもつ -1 次の係数だけに特権的名称を与えよう．

定義 5.2

$f(z)$ が中心を $b \in \mathbb{C}$ とするドーナツ型開領域内で正則であるとする．このとき，この領域内における $f(z)$ のローラン展開 $f(z) = \sum_{n=-\infty}^{\infty} a_n(z-b)^n$ において，-1 次の係数 a_{-1} を，$f(z)$ の b における**留数** (Residue)[8] とよび，次のように表す．

$$\mathrm{Res}(b\,;f) = a_{-1}$$

この定義により，次の**留数定理**を得る．

定理 5.4

関数 $f(z)$ は閉経路 C 内に m 個の特異点 $b_1, \cdots, b_m$ をもつとする．このとき，次式が成り立つ．

$$\oint_C f(z)\,dz = 2\pi i \sum_{k=1}^{m} \mathrm{Res}(b_k\,;f)$$

この留数定理こそ，以前に予想した公式 (4.11) の具体的な表現である．もともとは積分計算をしたいと思っていたのだが，それが，「関数の留数を求める」という代数的手続きだけで実行できてしまうわけである．（実際，後で示すが，留数の計算は代数的手続きで実行できる．）置換積分や部分積分を駆使したテクニックを用いずとも，つまり **"積分をしなくても"積分が計算できてしまう！** 同時に，改めて，次のことに注意しよう．すなわち，

---

7) 展開中心の b が特異点でないなら，展開係数としては a_0, a_1 が特に価値が高いといえるだろう．なぜなら，$a_0 + a_1(z-b)$ が簡便な近似関数として使えるからである．そして，さらに $a_2, a_3, \cdots$ などを使えば，$a_0 + a_1(z-b) + a_2(z-b)^2 + \cdots$ のように近似精度を上げていくことができる．つまり，$a_2, a_3, \cdots$ は無価値では全くないのである．a_{-1} だけに価値があり，他の係数は価値ゼロというのがいかに特殊な状況かご理解頂けるだろう．つまり，積分しない限りは，やはり展開係数の価値というのは一般には適度にばらつくものである．

8) "残りもの"の意である．「周回積分をすると残るもの」ということである．

5.4 留 数 定 理

周回積分においては，閉経路上での関数値はもはや意味をもたず，積分値は閉経路の内部に含まれる特異点の特徴量 ＝ 留数 だけで決まる．複素関数論の創始者の1人であるコーシーの夢は，積分の統一的計算法であったという．この夢の成就の形として，留数定理は，まさに文句のないものといえよう．

もう一歩踏み込んで，考察を続けよう．0.1.2項で確認したように，そもそも積分とは，対象の特徴を数値としてとり出すための操作という側面をもつのであった．この意味で，留数定理は次のように解釈できる．

一般に，関数の重要な性質というのは，その特異点に集中している[9]．そして，特異点の特徴量としては，「その特異点付近で，どれくらいのスピードで関数が発散するか」が，特に重要だろう[10]．いまの場合，この質問には「ローラン展開の -1 次の係数の大きさはいくつか？」を調べることで答えられる．-2，-3 次といった，より高次の係数は，より特異点に近づいたときに効いてくる量で，まずは -1 次の係数が重要である，ということである．さらに，複数個の特異点が集まって特異領域を形成しているときは，各特異点の -1 次の係数の和が，その特異領域の特徴量ということになる．

留数定理は，「**この特徴量を知りたければ，特異点ないし特異領域の周囲をぐるっと回って積分しなさい**」といっているのである！ つまり，定理5.4 を

$$\sum_{k=1}^{m} \mathrm{Res}(b_k; f) = \frac{1}{2\pi i} \oint_C f(z)\, dz \qquad (5.25)$$

---

9) 例えば，宇宙空間の時空の性質は 特異点＝ブラックホール に集中していると考えられる．ただし，これは3次元空間における特異点であり，以降の注釈も含めて，これは単なる比喩である．

10) ブラックホールに引き込まれる速度はどれほどだろうか．この問題は重要である．これを上回る速度を出せるジェットエンジンを搭載する宇宙船は，ブラックホール付近に近づき，調査をし，そして帰還できるのである！ ただし，ブラックホールの中心に近づき過ぎては危険である．このとき，-2 次より高次の係数が効いてくるからである．実際，ブラックホールのごく中心付近の引き込み速度は光速に匹敵し，光でさえも逃げられない．

のように，逆に読むのである[11]．

留数定理の有用性を実感するため，4.3.2 項の積分計算を再びとり上げよう．

=== 〈例題 5.6〉 ===

次の複素積分を計算せよ．

$$I = \oint_{|z|=3} f(z)\,dz, \quad f(z) = \frac{z}{(z-1)(z-2)} = \frac{-1}{z-1} + \frac{2}{z-2} \tag{5.26}$$

〈解〉 $f(z)$ は特異点 $z = 1, 2$ をもち，いずれも経路 C（中心ゼロ，半径 3 の円周 $|z| = 3$ を正に向き付けたもの）の内部に含まれている．ゆえに，留数定理より

$$I = \oint_C f(z)\,dz = 2\pi i\,[\mathrm{Res}(1\,;f) + \mathrm{Res}(2\,;f)]$$

となる．

各留数を求めよう．$\mathrm{Res}(1\,;f)$ は，$z = 1$ を中心とするドーナツ型開領域で $f(z)$ をローラン展開したものの -1 次の係数であった．このドーナツ領域は，もう 1 つの特異点 $z = 2$ を含まないものであれば何でもよい．図 5.11 で示しているのは，$0 < |z - 1| < 1$ である．するとローラン展開はすでに例題 5.5 の（2）で求まっていて，答えは (5.23) である．これの -1 次の係数をとってくればよいので，結局，$\mathrm{Res}(1\,;f) = -1$ である．

$\mathrm{Res}(2\,;f)$ は，$z = 2$ を中心とするドーナツ領域 $0 < |z - 2| < 1$ でローラン展開を行うことにより求める（図 5.12）．毎回同じ手続きでおっくうに感じるかも

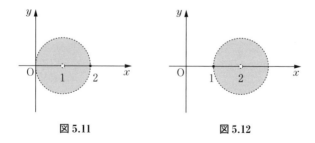

図 5.11　　　　図 5.12

---

11) ブラックホールに引き込まれる速度は，それに引き込まれないように注意しながら周りを航行し，数値を足し合わせることで算出できる．

しれないが，この場合，留数は**みればわかる**（実は，上の $\mathrm{Res}\,(1;f)$ も同じアイデアから直ちに求まる）．

いま関数は (5.26) 式のように部分分数展開されているのであるが，その第 1 項 $-1/(z-1)$ はドーナツ領域 $0<|z-2|<1$ の穴 $z=2$ を埋めた円型領域内で正則である．つまり，$-1/(z-1)$ **は領域** $0<|z-2|<1$ **でベキ級数展開できる**．結局，望みのローラン展開は

$$f(z) = \frac{2}{z-2} + \sum_{k=0}^{\infty} a_n (z-2)^n$$

となるので，留数は $\mathrm{Res}\,(2;f)=2$ である．数列 $\{a_n\}$ を求める必要はない．

以上より，求める積分は $I=2\pi i\,(2-1)=2\pi i$ となる． ◆

問題 5.7 問題 4.7 の複素積分を，留数定理を用いて計算せよ．

5.4.2 留数の計算法

定義上，留数はローラン展開を行うことによって計算される．しかし例題 5.6 でみたとおり，**積分が目的である限り，ローラン展開のすべての展開係数を求める必要はなく，-1 次の項だけで十分である**．このように考えると，留数を求めることに特化した公式が得られそうである．以下，それを求めよう．

関数 $f(z)$ が特異点 $z=b$ をもち，この点における留数 $\mathrm{Res}(b;f)$ を計算したい．いま，この点の周りのローラン展開が

$$f(z) = \frac{a_{-m}}{(z-b)^m} + \frac{a_{-(m-1)}}{(z-b)^{m-1}} + \cdots$$

$$+ \frac{a_{-2}}{(z-b)^2} + \frac{a_{-1}}{(z-b)} + a_0 + a_1(z-b) + \cdots$$

と求まったとしよう．つまり，$n<-m$ におけるローラン展開の展開係数が $a_n=0$ であると仮定している．このような場合，つまりローラン展開の最低次の項の添字が $-m<0$ である場合，特異点 b は **m 位の極**とよばれる（例題 3.4 の（1）も参照）．

さて，ターゲットは a_{-1} である．他の項 $a_n\,(n\neq -1)$ はどうでもよい．

まず，上式の両辺に $(z-b)^m$ を掛けると

$$(z-b)^m f(z) = a_{-m} + a_{-(m-1)}(z-b) + \cdots + a_{-2}(z-b)^{m-2}$$
$$+ a_{-1}(z-b)^{m-1} + a_0(z-b)^m + a_1(z-b)^{m+1} + \cdots$$

を得る．右辺はベキ級数であり，つまり微分可能であるので，両辺を z で $m-1$ 回微分すると

$$\frac{1}{(m-1)!}\frac{d^{m-1}}{dz^{m-1}}(z-b)^m f(z)$$
$$= a_{-1} + ma_0(z-b) + \frac{(m+1)m}{2}a_1(z-b)^2 + \cdots$$

を得る．これに $z=b$ を代入すれば，次式のように，望みどおり $a_{-1} = \operatorname{Res}(b;f)$ が得られる．

$$\operatorname{Res}(b;f) = \frac{1}{(m-1)!}\frac{d^{m-1}}{dz^{m-1}}(z-b)^m f(z)\bigg|_{z=b} \quad (5.27)$$

この公式は特異点 b が m 位の極であることがわかっていないと使えないが，もしそれがわかっているなら非常に強力である．実際，(5.27) 式の "微分の繰り返し＋代入" というのは機械的に実行できる作業であり，mathematica などの数式処理ソフトウェアが効率的に行ってくれる．この計算後，求めた留数を足し合わせれば望みの積分が計算できたことになるので，つまり**微分で積分が計算できる**のである．もちろん，$m=2$ 程度までなら，手計算でも実行できるだろう．特に，$m=1$ のときは

$$\operatorname{Res}(b;f) = (z-b)f(z)\big|_{z=b}$$

のように直ちに計算が実行できる（$0!=1$ と約束する）．

=== 〈例題 5.7〉 ===

次の複素積分を計算せよ（例題 5.6 と同じ）．

$$I = \oint_{|z|=3} f(z)\,dz, \quad f(z) = \frac{z}{(z-1)(z-2)} = \frac{-1}{z-1} + \frac{2}{z-2}$$

〈解〉 次のとおり，もはや 3 行で解ける．

$$\mathrm{Res}(1;f) = (z-1)f(z)|_{z=1} = \left.\frac{z}{z-2}\right|_{z=1} = -1$$

$$\mathrm{Res}(2;f) = (z-2)f(z)|_{z=2} = \left.\frac{z}{z-1}\right|_{z=2} = 2$$

$$\therefore \oint_{|z|=3} f(z)\,dz = 2\pi i[\mathrm{Res}(1;f) + \mathrm{Res}(2;f)] = 2\pi i(-1+2) = 2\pi i \quad\blacklozenge$$

問題 5.8 次の関数の周回積分 $\oint_{|z|=2} f(z)\,dz$ を，留数定理および (5.27) 式を用いて計算せよ（m は自然数）．

(1) $f(z) = \dfrac{1}{z^2+1}$ (2) $f(z) = \dfrac{e^z}{z^m}$ (3) $f(z) = \dfrac{\sin z}{(z-1)^2}$

☆5.5 留数定理についての補足事項

5.5.1 留数の定義について

留数は，実は，もう少し一般化された形で定義することができる．定義 5.2 では，ある特異点 b における留数を，「**それを中心とする**ドーナツ領域におけるローラン展開の -1 次の係数である」としていた．しかし実は，これは単にわかりやすさを優先させた定義で，b が中心である必要はないのである．その理由を，例題 5.6 を再考することで考えよう．

まず，コーシーの積分定理から，経路 $|z|=3$ に沿う周回積分は，特異点 $z=1, z=2$ を内部に含む 2 つの経路に沿う周回積分の和に等しい．5.4.1 項の設定は，「2 つの経路として $z=1, z=2$ を中心とする小円を採用し，これらを含むドーナツ領域でローラン展開を行う」というものであった．しかしここで，図 5.13 で示す 2 つの経路を選んでみよう．

C_2 は，中心が $z=2$ の小円を正に向き付けたものである．これに沿う積分は，以前に計算したとおり，留数定理よ

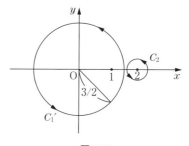

図 5.13

り $\oint_{C_2} f(z)\,dz = 2\pi i \operatorname{Res}(2;f) = 4\pi i$ である．一方 C_1' は，$z=0$ を中心とする半径 3/2 の円を正に向き付けたものである．すると C_1' を含むドーナツ領域として $1 < |z| < 2$ を選ぶことができ，このとき，この領域における $f(z)$ のローラン展開は例題 5.5 の (1) から

$$f(z) = -\sum_{n=-\infty}^{-1} z^n - \sum_{n=0}^{\infty} \frac{1}{2^n} z^n \qquad (5.28)$$

と求まっている．これより C_1 に沿う積分は

$$\oint_{C_1'} f(z)\,dz = \oint_{C_1'} (-z^{-1})\,dz = -2\pi i$$

と計算される．結局，積分は $I = \oint_{C_1'} f\,dz + \oint_{C_2} f\,dz = 2\pi i$ と正しく計算できる．

以上の計算過程は留数定理を導く際のそれと全く同じであるが，しかしローラン展開 (5.28) は特異点 $z=1$ を中心とする展開ではないため，定義 5.2 に従う限り，その -1 次の展開係数を $z=1$ の留数とよぶことはできない．この不具合を解消すべく，留数の定義を次のように拡張しよう．

定義 5.2 （一般化）

$f(z)$ が，$b \in \mathbb{C}$ を含む円型領域をくり抜いたドーナツ型開領域内で正則であるとする．このとき，このドーナツ型領域内における $f(z)$ のローラン展開 $f(z) = \sum_{n=-\infty}^{\infty} a_n(z-c)^n$ において，-1 次の係数 a_{-1} を，$f(z)$ の b における**留数**とよぶ．

この定義を採用するならば，(5.28) 式の -1 次の展開係数は $z=1$ における留数 $\operatorname{Res}(1;f) = -1$ ということになるので，ゆえに $\oint_{C_1'} f(z)\,dz = 2\pi i \operatorname{Res}(1;f) = -2\pi i$ より，上記の計算過程は留数定理そのものである．

5.5.2 留数定理の一般化

留数定理のコアとなる考え方は，積分経路内に存在する**特異点たちそれぞれについての情報**を，ローラン展開の -1 次の係数＝留数 という形で抽出し，それを足し合わせるというものであった．ここで疑問が湧く．例題 5.5 の (3) でみたとおり，ローラン展開は，1 つの特異点の周りだけでなく，特異点たちをまとめてつくった非正則領域の周りで実行することも可能である．そして後者の場合，そのローラン展開の係数は，非正則領域，つまり**特異点たち全体についての情報**を含むはずである．これも，積分に当然役立つはずである．それを確認してみよう．

再び例題 5.6 を考える．被積分関数 $f(z)$ の特異点は $z=1$, $z=2$ である．これらをまとめて非正則領域をつくり，その周りでローラン展開を行おう．領域のつくり方は任意であるが，ここでは例題 5.5 の (3) の結果を用いる．つまり，原点中心，半径 2 の円盤をもって非正則領域とし，複素平面全体からこれをくり抜いた正則領域 D で $f(z)$ をローラン展開する．結果は，

$$f(z) = \sum_{n=1}^{\infty} \frac{2^n - 1}{z^n} = \frac{1}{z} + \frac{3}{z^2} + \frac{7}{z^3} + \cdots$$

であった．特異点 $z=1$, $z=2$ に関する情報は，まとめてこの展開係数 $2^n - 1$ に現れている．

さて，いま積分経路 $|z|=3$ は D に含まれているので，積分に上のローラン展開を代入することができる．このとき，計算すべき積分は

$$\oint_{|z|=3} f(z)\,dz = \oint_{|z|=3} \sum_{n=1}^{\infty} \frac{2^n - 1}{z^n}\,dz = \sum_{n=1}^{\infty} (2^n - 1) \oint_{|z|=3} \frac{1}{z^n}\,dz$$

と変形できるが，(4.7) 式より

$$\oint_C f(z)\,dz = 2\pi i$$

となり，留数定理を用いて計算した結果と一致する．

この例題を通して得た教訓は，**ローラン展開に基づいて積分を計算しようというとき，その計算法は本来，一義的なものではない**ということである．

問題 5.9 次の複素積分を計算したい．

$$I = \oint_{|z|=2} f(z)\, dz, \qquad f(z) = \frac{1}{z^2+1}$$

（1） $f(z)$ の留数をすべて求め，その上で定理 5.4 に基づいて I を計算せよ．

（2） 開領域 $|z| > 1$ での $f(z)$ のローラン展開を求めよ．これに基づいて I を計算せよ．

5.6　実定積分への応用 ― 留数定理による一般化 ―

最後に，実定積分への応用法を再びとり上げよう．アイデア自体は 4.4 節で紹介したものと同じであるが，留数定理を用いると，その計算法を一般的な公式として示すことができる．

いま興味があるのは

$$\int_{-\infty}^{\infty} f(x)\, dx$$

の計算である．これを，x を z におきかえた複素関数 $f(z)$ の複素積分を利用して計算するのである．ここで，次の仮定をおく．

(i)　$f(x)$ は実軸上に特異点をもたない．

(ii)　$z \to \infty$ で $|f(z)| \leq M/|z|^2$ となる実数 $M > 0$ が存在する．

4.4 節で考察したように，図 5.14 で示す半円型の閉経路に沿って $f(z)$ を周回積分すると，留数定理より

$$\int_{-R}^{R} f(x)\, dx + \int_{C_2} f(z)\, dz = 2\pi i \sum_{k=1}^{m} \operatorname{Res}(b_k\,;\,f)$$

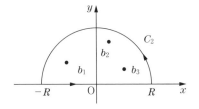

図 5.14

を得る．ただし，b_k は $\mathbb{C}$ の上半平面に含まれる $f(z)$ の特異点である．いま，上式の左辺第 2 項の絶対値は次のように評価できる．

$$\left|\int_{C_2} f(z)\,dz\right| = \left|\int_0^\pi f(Re^{it})\,iRe^{it}\,dt\right| \leq \int_0^\pi |f(Re^{it})|\,R\,dt$$

$$\leq \int_0^\pi \frac{M}{R^2}R\,dt = \frac{M\pi}{R} \rightarrow 0 \quad (R\to\infty)$$

これより $R\to\infty$ で $\int_{C_2} f(z)\,dz \to 0$ となるので，次の定理が得られる．

定理 5.5

複素関数 $f(z)$ は上に挙げた 2 つの仮定 (i), (ii) を満たすとする．このとき，次式が成り立つ．

$$\int_{-\infty}^\infty f(x)\,dx = 2\pi i \sum_{k=1}^m \mathrm{Res}\,(b_k\,;\,f)$$

=〈例題 5.8〉

次の実定積分を計算せよ．

$$I = \int_{-\infty}^\infty f(x)\,dx, \qquad f(x) = \frac{1}{x^4+1} \tag{5.29}$$

〈解〉 まず，明らかに $f(z)$ は仮定を満たす（$|z|^2/|z^4+1| \to 0$ より）．ゆえに，定理 5.5 より，

$$I = \int_{-\infty}^\infty f(x)\,dx = 2\pi i\,[\mathrm{Res}\,(b_1\,;\,f) + \mathrm{Res}\,(b_2\,;\,f)]$$

となる．ただし，b_i は図 5.15 に示す $z^4+1=0$ の 4 つの解である．このとき，

$$f(z) = \frac{1}{(z-b_1)(z-b_2)(z-b_3)(z-b_4)}$$

と表せることに注意しよう．

まず，(5.27) 式より，

$$\mathrm{Res}\,(b_1\,;\,f) = (z-b_1)f(z)\big|_{z=b_1} = \frac{1}{(b_1-b_2)(b_1-b_3)(b_1-b_4)} = \frac{1}{2b_1(b_1^2-b_2^2)}$$

を得る．ここで，図 5.15 より $b_3 = -b_1$，$b_4 = -b_2$ が成り立つことを用いた．

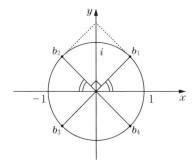

図 5.15

同様に,$\text{Res}(b_2 ; f) = 1/2b_2(b_2^2 - b_1^2)$ を得る.

以上より,
$$I = 2\pi i \left\{ \frac{1}{2b_1(b_1^2 - b_2^2)} + \frac{1}{2b_2(b_2^2 - b_1^2)} \right\} = \frac{-\pi i}{b_1 b_2 (b_1 + b_2)}$$
$$= \frac{-\pi i}{(-1) \cdot \sqrt{2} i} = \frac{\pi}{\sqrt{2}}$$

と計算できる.なお,図 5.15 から直ちに $b_1 b_2 = -1$, $b_1 + b_2 = \sqrt{2} i$ が得られることに注意しよう(演習問題 1.11 を参照).　◆

問題 5.10 実定積分 $\int_{-\infty}^{\infty} f(x)\, dx$ を計算せよ.ただし,関数は次のものとする.

(1) $f(x) = \dfrac{1}{x^2 + 1}$ (2) $f(x) = \dfrac{1}{(x^2+1)^2}$ (3) $f(x) = \dfrac{x^2}{x^6 + 1}$

演習問題

5.1 次式で定義される複素関数を考える.
$$f(z) = \cot z = \frac{\cos z}{\sin z}$$

この関数を,$z = 0$ の周りでローラン展開したい.

(1) $f(z)$ は次式のように表すことができる.

$$f(z) = \frac{\cos z}{z - z^3/3! + z^5/5! + \cdots} = \frac{1}{z} \cdot \frac{\cos z}{1 - z^2/3! + z^4/5! + \cdots} = \frac{1}{z} \cdot \frac{\cos z}{1 - w}$$

いま我々は z が微小, すなわち w が微小である領域での $f(z)$ の振る舞いに興味がある. このとき $1/(1-w)$ は正則関数であり, ゆえに, ベキ級数展開できる. 特に, 我々の目的に対しては, このベキ級数を z^2 の項で打ち切ったものが近似式として十分に機能する. この2次多項式を求めよ.

（2） $f(z)$ の $z=0$ の周りでのローラン展開を, z^2 の項まで求めよ.

$\boxed{5.2}$ ローラン展開 $f(z) = \sum_{n=-\infty}^{\infty} a_n(z-b)^n$ において, 添字 n が負である部分, すなわち $\sum_{n=-\infty}^{-1} a_n(z-b)^n$ の部分を, ローラン展開の**主要部**とよぶ. 次の関数について, ローラン展開の主要部を求めよ. ただし, 括弧内は展開中心を表し, 展開領域はこの点の周りの微小ドーナツ型開領域である. また, 適宜, 演習問題 $\boxed{5.1}$ で用いた近似のアイデアを利用せよ.

（1） $f(z) = \dfrac{e^z}{z^2}$ $(z=0)$ （2） $f(z) = \tan z$ $\left(z = \dfrac{\pi}{2}\right)$

（3） $f(z) = \dfrac{1}{e^z - 1}$ $(z=0)$ （4） $f(z) = \dfrac{e^z}{(z-1)^2(z-3)}$ $(z=1)$

（5） $f(z) = z^3 e^{1/z}$ $(z=0)$ （6） $f(z) = \dfrac{\sin z}{e^z - i}$ $\left(z = \dfrac{\pi i}{2}\right)$

$\boxed{5.3}$ 演習問題 $\boxed{5.2}$ で与えた6つの複素関数について, 積分

$$\oint_C f(z)dz$$

を計算せよ. ここで, 経路 C は中心 $z=0$, 半径2の円周 $|z|=2$ を正に向き付けたものである.

$\boxed{5.4}$ Chapter 1 で, Chapter 2, 5 の内容を先取りして (フライングして), オイラーの公式を導出した. このようなフライングをせず, 論理的に整合がとれた順序でオイラーの公式を導出せよ.

$\boxed{5.5}$ 特異点あるいは非正則領域の特徴量 (1次の発散スピード, つまりローラン展開の -1 次の展開係数) を知りたければ, (5.25) 式のように, 「特異点あるいは非正則領域の周囲をぐるっと回って積分すればよい」ということであった. では, -2, -3 次といった, より高次の発散スピードを知りたければ, どのような計算を行えばよいか.

5.6 次の複素積分を考える．

$$I = \oint_{|z|=2} f(z)\, dz, \qquad f(z) = \sum_{k=0}^{\infty} \frac{a_k}{z - b_k}$$

ただし，$a_k = r^k\ (0 < r < 1)$，$b_k = (1/2)^k$ である．

（1） 留数定理を用いて積分 I を計算せよ．

（2） 中心 $z = 0$，領域 $|z| > 1$ における $f(z)$ のローラン展開を求めよ．そして，それを利用して積分 I を計算せよ．

5.7 5.4.2 項で紹介した方法以外にも，代数的な操作で機械的に留数を計算する方法がいろいろとある．ここでは，$f(z) = P(z)/Q(z)$ の形の分数型関数を考えよう．$P(z)$，$Q(z)$ は正則とする．さらに，$Q(z_0) = 0$ かつ $P(z_0) \neq 0$ を満たす z_0 が存在し，また z_0 は $Q(z) = 0$ の重解ではないとする（すなわち，z_0 は $f(z)$ の 1 位の極）．このとき，z_0 は $f(z)$ の孤立特異点となるが，z_0 における留数が

$$\mathrm{Res}\,(z_0 : f) = \left.\frac{P(z)}{Q'(z)}\right|_{z_0}$$

で与えられることを証明せよ．ただし，$Q'(z) = dQ(z)/dz$ である．また，演習問題 5.2 で与えた 6 つの複素関数のうち，この公式が適用できるものを特定し，そして指定された点における留数を求めよ．

5.8 実変数 x に関する次の定積分（フーリエ変換）を計算したい．

$$F(\omega) = \int_{-\infty}^{\infty} f(x)\, e^{i\omega x} dx \qquad (\omega > 0)$$

（1） x を複素数 z におきかえた複素関数 $f(z)$ が本 Chapter の p. 154 の 2 つの仮定を満たすとき，$F(\omega)$ が次式で一般的に計算できることを証明せよ．

$$F(\omega) = 2\pi i \sum_{k=1}^{m} \mathrm{Res}\,(b_k ; f(z)\, e^{i\omega z}) \tag{5.30}$$

ただし，b_k は $\mathbb{C}$ の上半平面に含まれる $f(z)$ の特異点である．

（2） $F(\omega)$ の計算に当たっては，本 Chapter の p. 154 の仮定のうち (ii) を「$z \to \infty$ で $|f(z)| \leq M/|z|$ となる実数 $M > 0$ が存在する」と緩めても，(5.30) 式が成り立つ．三角関数に関する一般公式 $\sin\theta \geq 2\theta/\pi\ (0 \leq \theta \leq \pi/2)$ を用いて，このことを証明せよ．

演習問題

5.9 フーリエ変換

$$F(\omega) = \int_{-\infty}^{\infty} f(x)\, e^{i\omega x}\, dx \qquad (\omega > 0)$$

を計算せよ．ただし，関数は次のものとする．

(1) $f(x) = \dfrac{a}{x^2 + a^2}$　　(2) $f(x) = \dfrac{1}{(x^2+1)^2}$　　(3) $f(x) = \dfrac{x^2}{x^6+1}$

5.10 公式 (5.30) を利用して，次の実積分を計算せよ．

(1) $\displaystyle\int_0^{\infty} \dfrac{\cos x}{x^2+4}\, dx$　　(2) $\displaystyle\int_{-\infty}^{\infty} \dfrac{\cos 2x}{x^2+x+1}\, dx$

5.11 本書でカバーする領域を超えるのだが，**2 変数複素関数**

$$f(z_1, z_2) = z_1^2 + \dfrac{1}{z_2^2 + 1}$$

を考えてみる．まず，任意の z_1 に対して，$z_2 = \pm i$ とすると関数が発散することがわかる．つまり，この関数の"特異点"は 2 次元複素空間 $\mathbb{C}^2$ 内で連続的に分布している．このことから，一般に**多変数複素関数は孤立特異点をもたない**と予想でき，実際，それは正しい．留数定理に相当するものが成り立つか，調べてみよ．

付　録

本文中で扱った例題や演習問題，あるいは定義の仕方などには，実はそれなりの背景がある．ここでは，それらの種明かしをしてみたい．

A.1　等角写像

3.5.2 項で，「正則関数は等角写像である」という事実を直観的な方法で理解した．それは，xy 平面から uv 平面への写像であるところの複素関数 $f(z) = f(x+iy) = u+iv$ について，xy 平面上の 2 つの微小複素数 Δz_1 と Δz_2 のなす角と，uv 平面上の 2 つの微小複素数 Δf_1 と Δf_2 のなす角が等しい，というものであった．本節では，この事実をもう少し詳しく説明する．

複素関数 $f(z)$ が，点 z で正則であるとする．このことの定義は，z の微小変化 Δz とその応答 $\Delta f(z)$ が線形関係 $\Delta f(z) = K \Delta z$ で結ばれ，「係数 K が Δz に依存しない」というものであった．特に，ここでは表記の便宜上 $\Delta z = h$ と表すと，関数の微小変化は $\Delta f(z) = f(z+h) - f(z) = Kh$ と表される．

いま，複素平面上で z をカドとする微小格子を f で変換する状況を考えよう．ただし，この格子は図 A.1 で示すように傾いていても構わない．この格子の辺を表すベクトルに対応する微小複素数を h_1, h_2 とすると，これらの辺方向への微小変化に対する応答は，それぞれ

$$f(z+h_1) - f(z) = Kh_1, \qquad f(z+h_2) - f(z) = Kh_2$$

となる．図 A.1 で示すように，これらは uv 平面における微小格子の辺を表すベクトルに対応している．ここで，**微分可能性の要請から，この 2 つの式で K は共通である**．つまり，どの方向へ微小変化させても応答の係数が等しい．ゆえに，もし $K \neq 0$ なら，上の 2 式から

$$\frac{f(z+h_1) - f(z)}{f(z+h_2) - f(z)} = \frac{h_1}{h_2}$$

A.1 等角写像

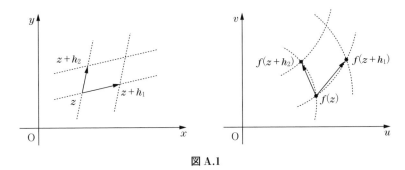

図 A.1

を得る．そして，

$$\arg\left(\frac{f(z+h_1)-f(z)}{f(z+h_2)-f(z)}\right) = \arg\left(\frac{h_1}{h_2}\right) \tag{A.1}$$

が直ちに従う．ここで一般に 2 つの複素数 $z_1 = r_1 e^{i\theta_1}$, $z_2 = r_2 e^{i\theta_2}$ について，$z_1/z_2 = (r_1/r_2)e^{i(\theta_1-\theta_2)}$ であるから，**割り算 z_1/z_2 の偏角は z_1, z_2 の間の角度を表す**（問題 1.8 も参照）．つまり，$\arg(z_1/z_2) = \theta_1 - \theta_2$ である．ゆえに (A.1) 式は，xy **平面における格子のなす角は uv 平面における格子のなす角と等しい**ことを意味している（図 A.2）．この意味で，すべての正則関数は**等角写像**である．

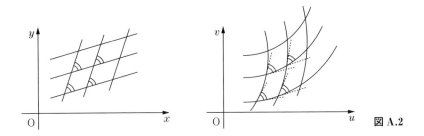

図 A.2

上の事実を知った上で，Chapter 2 で行った解析を思い出そう．そこでは，複素関数 $f(x+iy) = u+iv$ の性質をみるため，xy 平面に格子を張り，それが uv 平面にどのように写像されるかを調べた．そして，どの例題でも，xy 平面の格子は延ばされたり，ねじ曲げられたりして uv 平面に写ったわけであるが，確かに，格子の四隅の角度は保持されていた．この事実は，正則関数の等角性から必然であっ

たのである．

問題 A.1 複素関数 $f(z) = z^2$ の等角性を確かめよ．特に，$K = 0$ となる停留点において等角性が成り立つか調べよ．（ヒント：$\Delta f = (z + \Delta z)^2 - z^2 = 2z\Delta z + (\Delta z)^2$ なので，停留点におけるさらに微小な関数の変化は 2 次の微小変化 $(\Delta z)^2$ に現れている．演習問題 0.2 も参照．）

A.2　一致の定理と解析接続

2.3.1 項で複素指数関数 $f(z) = e^z$ をベキ級数 (2.4) で定義したが，これは妥当な定義なのだろうか．解析接続とは，こういった「複素関数をどう定義すればよいか」という根本的な問題に対して，明確な指針を与える概念である．その直観的な理解については，3.5.2 項で得ている．本節では，解析接続のより深い理解とその使い方の獲得を目指し，少し詳しい説明を試みる．

まず，次の事実が重要となる．

定理 A.1

複素関数 $\phi(z)$ が $z = b$ 付近で正則で $\phi(b) = 0$ を満たし，かつ $\phi(z)$ が恒等的にゼロでないとき，b は孤立零点である．すなわち，b の任意の近傍の点 $z \neq b$ で $\phi(z) \neq 0$ である（一般に，$\phi(b) = 0$ となる b を零点とよぶ）．

［証明］　まず，$\phi(z)$ は $z = b$ 付近で正則なので $\phi(z) = \sum_{n=0}^{\infty} a_n(z-b)^n$ とベキ級数展開できる．すると，条件 $\phi(b) = 0$ から
$$\phi(z) = a_k(z-b)^k + a_{k+1}(z-b)^{k+1} + \cdots$$
となる $a_k \neq 0$ $(k \neq 0)$ が存在する．$a_k \neq 0$ が条件「$\phi(z)$ が恒等的にゼロでない」に対応する．このとき，b の任意の近傍にある点 $z \neq b$ で上式右辺は非ゼロになるので，b が孤立零点であることが示された． (証明終)

これはそれほど自明な結果ではない．例えば $\phi(z) = (z + \bar{z})^2 + (z + \bar{z})$ という非正則関数の零点は $z + \bar{z} = 0$ または $z + \bar{z} = -1$ を満たす z の集合となり，明らかに，これらは孤立していない．他方，正則関数 $\phi(z) = z^2 + z$ の零点は

A.2 一致の定理と解析接続

$z = 0$ と $z = -1$ であり，確かに孤立している．

この結果を用いると，次の**一致の定理**が証明できる．

定理 A.2

複素平面上の領域 D で関数 $f(z)$, $g(z)$ は正則で，かつ，D 内の小領域 D_0 で $f(z) = g(z)$ であるとする．このとき，D で $f(z) = g(z)$ が成立する．

証明 $\phi(z) = f(z) - g(z)$ を定義する．そして，図 A.3 で示すとおり，D_0 内に点 z_0 を，D から D_0 を除いた領域内に点 z_1 をとり，これらを適当な経路 C で結ぶ．ここで $\phi(z_0) = 0$ であるが，一方で，$\phi(z_1) \neq 0$ と仮定する．このとき，C 上で，z_0 と z_2 の間の z では常に $\phi(z) = 0$ であるが，z_2 の任意の近傍に $\phi(z) \neq 0$ なる点 z がとれるような点 z_2 が存在する．しかしこれは，定理 A.1 に矛盾する．ゆえに，D から D_0 を除いた領域内の任意の点 z で $\phi(z) = 0$ である．

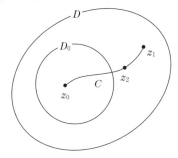

図 A.3

(証明終)

定理 A.2 の直接的帰結が，解析接続である．いま，領域 D_0 において正則関数 $f(z)$ が与えられているとし，これを D_0 の外側でも使えるようにしたい．つまり，$f(z)$ を**正則性を保ったまま**，より広い領域 D に延長していく．そのような延長された関数を $g(z)$ と書こう．このとき，**一致の定理より，そのような延長の仕方はただ 1 つしかない**．このように，もとの定義領域の外側に関数を**一意的に**延長していく仕方を**解析接続**[1]とよぶ．

---

1) ここでの説明の仕方から理解できるとおり，これは "解析的延長" ともよばれる．なお，ベキ級数展開できる関数は "解析的" であるともよばれるが，すでに示されているとおり，これは正則であることと同義である．

解析接続を用いると，以前にみた複素指数関数の定義式 (2.4) が，以下に示すとおり，ごく自然であることが理解できる．

まず，"自然な複素指数関数" とは，

(i) 実軸において，実指数関数 $f(x) = e^x = \sum_{n=0}^{\infty} \dfrac{x^n}{n!}$ ($x \in \mathbb{R}$) と一致する．

(ii) 複素平面全域 $\mathbb{C}$ で正則である．

の2つの条件を満たすもの，という定義に異論はないだろう．ここで，定理 A.2 での領域 D_0 が複素平面上の実軸に，D が複素平面全域 $\mathbb{C}$ に対応する．いま D で定義された正則関数 $g(z) = \sum_{n=0}^{\infty} z^n/n!$ を考えよう．すると，$f(z)$ と $g(z)$ は D_0 で一致するので，一致の定理より，D でも $f(z) = g(z)$ が成立する．ゆえに，上の2つの条件 (i), (ii) を満たす複素関数，つまり $f(x)$ の複素平面全域への解析接続は，唯一 $g(z) = \sum_{n=0}^{\infty} z^n/n!$ で与えられる．

このことに関連して，2点，注意を与える．

まず，条件 (i) を満たすだけの複素関数は，実はいろいろとつくれる．例えば，$h(z) = \sum_{n=0}^{\infty} \bar{z}^n/n!$ は変数を $z = x \in \mathbb{R}$ のように実数に制限すると $f(x)$ と一致する．しかし，これは正則関数ではないので，$f(x)$ の解析接続ではない．

2点目も関連する話題であるが，実関数の場合であれば，"関数の自然な延長" は自由にとれる．例えば，実 xy 平面の x 軸上で定義された指数関数 $f(x) = e^x$, $x \in \mathbb{R}$ に対して，xy 平面上で定義された実関数 $g(x, y)$ で $f(x)$ と滑らかに繋がるものはいくらでもつくれる．実際，例えば $g(x, y) = e^x e^y$ や $g(x, y) = (y^2 + 1)e^x$ などはいずれも $g(x, 0) = f(x)$ となっており，確かに "$f(x)$ の滑らかな接続" といえる．

これらの例からも，複素関数の解析接続の "一意性" が自明なものでないことが納得できよう．**この強い性質は，ひとえに関数の延長の仕方に正則性を課していることによるのである．**

問題 A.2 実軸上で定数をとる関数 $f(x) = c$ を複素平面全域に解析接続して得られる関数は何か．同様に，実軸上の三角関数 $f(x) = \sin x$ を複素平面全域に解析接続するとどうなるか．

解析接続の別の使い方の例として，複素数の**指数法則**
$$e^{z_1}e^{z_2} = e^{z_1+z_2} \qquad (z_1 \in \mathbb{C},\ z_2 \in \mathbb{C}) \tag{A.2}$$
を証明してみよう．

まず，2つの複素関数
$$f(z) = e^z e^a, \qquad g(z) = e^{z+a}$$
を考える．$a \in \mathbb{R}$ は定数である．ここで $z = x \in \mathbb{R}$ と制限すると，実数の指数法則（これは利用できると仮定している）より，
$$f(x) = e^x e^a = e^{x+a} = g(x)$$
が成り立つ．すなわち，$f(z)$ と $g(z)$ は実軸で一致する．すると一致の定理より，複素数平面全域で $f(z) = g(z)$ となる．その結果，つまり，次の法則を得る．
$$e^a e^b = e^{a+b} \qquad (a \in \mathbb{R},\ b \in \mathbb{C}) \tag{A.3}$$

次に，$\tilde{f}(z) = e^z e^b$, $\tilde{g}(z) = e^{z+b}$ を調べよう．ここで $b \in \mathbb{C}$ である．上の論法と新たに得られた法則 (A.3) を組み合わせることで，複素平面全域で $\tilde{f}(z) = \tilde{g}(z)$ であることが示せる．つまり，(A.2) 式が成り立つ．

長々と書いたが，要するに，「e^z は正則関数なので，一致の定理より，それが実軸上で満たす等式は複素平面全域でも成り立つ」ということである．これが，例題 2.1 の直後で予告した文言である．

問題 A.3 一致の定理を用いて，次の等式を証明せよ．
(1) $\sin^2 z + \cos^2 z = 1 \qquad (z \in \mathbb{C})$
(2) $\sin(z_1 + z_2) = \sin z_1 \cos z_2 + \cos z_1 \sin z_2 \qquad (z_1, z_2 \in \mathbb{C})$

A.3 リウビルの定理と代数学の基本定理

実関数論では，しばしば，関数値に上限がある"有界関数"が応用上重要になる．例えば

$$f(x) = \frac{e^x - e^{-x}}{e^x + e^{-x}}, \qquad f(x) = \tan^{-1} x$$

は，すべての実数 $x \in \mathbb{R}$ に対して $-1 \leq f(x) \leq 1$ である．これらは，連続値 x に対して離散値 $\{-1, +1\}$ を出力するニューロンのようなシステムをモデル化する際によく用いられる．もちろん，上の例の他にも，$\sin x$, $1/(x^2+1)$ など，様々な有界実関数が存在し，その重要性は疑う余地がないだろう．しかし驚くべきことに，**複素関数論では，このような有界性と，他方で重要な性質である正則性は，両立できないのである**．それを示すのが，次の**リウビルの定理**である．

定理 A.3

複素平面 $\mathbb{C}$ の全領域で有界（つまり，$|f(z)|$ が有限）かつ正則である複素関数は，定数関数のみである．

[証明] $f(z)$ は $\mathbb{C}$ の全領域で正則なので，コーシーの積分公式 (4.16) が利用できる．特に C を中心 b，半径 R の円とすると，C 上の動点は $z(t) = b + Re^{it}$ ($t : 0 \to 2\pi$) とパラメータ表示できるので，

$$f^{(n)}(b) = \frac{n!}{2\pi i} \int_0^{2\pi} \frac{f(b + Re^{it})}{R^{n+1} e^{i(n+1)t}} iRe^{it} dt = \frac{n!}{2\pi} \int_0^{2\pi} \frac{f(b + Re^{it})}{R^n e^{int}} dt \quad \text{(A.4)}$$

が成り立つ．

仮定より，いま C の内部および境界で $|f(z)|$ は有界である．つまり，$|f(z)| < M$ なる正数 M が存在するので，上式より

$$|f^{(n)}(b)| \leq \frac{n!}{2\pi} \int_0^{2\pi} \frac{|f(b + Re^{it})|}{|R^n e^{int}|} dt < \frac{n!}{2\pi} \int_0^{2\pi} \frac{M}{R^n} dt = \frac{n! M}{R^n} \quad \text{(A.5)}$$

を得る．これは**コーシーの評価式**とよばれる．

一方で，いま $f(z)$ は $\mathbb{C}$ の全領域で正則なので，(5.14)式で示したように $f(z)$ は次式のようにベキ級数展開できる．

$$f(z) = \sum_{n=0}^{\infty} a_n (z-b)^n = \sum_{n=0}^{\infty} \frac{f^{(n)}(b)}{n!} (z-b)^n$$

このとき，(A.5) 式より展開係数は $|a_n| < M/R^n$ を満たす．ゆえに，C を複素平面全領域に拡げる，つまり $R \to \infty$ とすると，すべての $n \geq 1$ で $|a_n| \to 0$，すなわち $a_n \to 0$ が成り立つ．ゆえに，$R \to \infty$ で $f(z)$ は定数関数 $f(z) = a_0$ に収束する．

(証明終)

複素平面**全域**で有界な（非自明な）正則関数は存在しないことが上でわかった．このことは，考えてみれば当然かもしれない．$f(z)$ が全域で正則ということは，「それのベキ級数展開 $f(z) = \sum_{n=0}^{\infty} a_n (z-b)^n$ が**全域で**可能である」ということである（中心 b はどこでもよい）．もし，ある番号 $n \neq 0$ で $a_n \neq 0$ となるなら，$f(z)$ は $z \to \infty$ で発散してしまうだろう．実関数の世界でも，多項式関数 $f(x)$ は $x \to \infty$ で無限大に発散してしまうので，この意味では直観に合っている．

問題 A.4 本節の冒頭で挙げた有界実関数の複素数版

$$f(z) = \frac{e^z - e^{-z}}{e^z + e^{-z}}, \qquad f(z) = \frac{1}{z^2 + 1}$$

は，リウビルの定理から複素平面全域で有界ではないことがわかっている．一見，そうはみえないのはなぜか．

本節の最後に，定理 1.3（代数学の基本定理）の証明を紹介する．リウビルの定理を巧みに用いるのである．

定理 A.4

係数を複素数とする n 次方程式 $P(z) = z^n + a_{n-1}z^{n-1} + \cdots + a_1 z + a_0 = 0$ は，重根を含めて n 個の複素数解をもつ．

［**証明**］ $P(z) = 0$ となる z が 1 つもないと仮定しよう．すると，$Q(z) = 1/P(z)$ は特異点をもたない．また $z \to \infty$ とすると，$|P(z)| \to \infty$ ゆえに $Q(z) \to 0$ である．これらより，$Q(z)$ は複素平面全領域で有界となる．そして，明らかに $Q(z)$ は複素平面全領域で正則である．これらの条件と定理 A.3 を合わせると，$Q(z)$ は定数関数でなければならないことになる．しかし，これは矛盾である．つまり，$P(z) = 0$ は少なくとも 1 つの解 z_1 をもつ．

上の事実は，$P(z) = (z - z_1)\tilde{P}(z)$ なる因数分解が可能であることを意味する．ここで，$\tilde{P}(z)$ は $n - 1$ 次多項式である．同様に，以上の議論を $\tilde{P}(z)$ に適用することで，$\tilde{P}(z)$ が再び因数分解できることになる．この手続きを繰り返せば，$P(z) = (z - z_1)(z - z_2) \cdots (z - z_n)$ なる因数分解が可能であることがわかる．つまり，$P(z) = 0$ は重解を含めて最大 n 個の解をもつ． （証明終）

A.4 最大値の定理

前節では,関数の定義域を複素平面全域としていた.そして「全域で正則な,定数でない関数は決して有界にならない」というのがリウビルの定理であった.そこで,注目する定義域を閉じた領域に制限してみよう.全域では有界でない関数も,閉領域では有界になり得る.例えば実関数 $f(x) = x^3 - x$ は,全域では有界ではないが,定義域を $-1 \le x \le 1$ と制限する

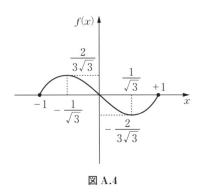

図 A.4

と,関数値は $-2/3\sqrt{3} \le f(x) \le 2/3\sqrt{3}$ のように有界になる(図 A.4).

こういった,閉領域での関数の最大値や最小値を求める問題というのは,あらゆる理工学の分野で現れる.上の実関数の場合,区間 $[-1, 1]$ での関数の最大値は $f(-1/\sqrt{3}) = 2/3\sqrt{3}$ である.ここで考えたいのは,この状況の複素数版である.特に,絶対値 $|f(z)|$ の最大値は応用上しばしば重要となる.これはある閉領域のどこで最大値をとるだろうか.実関数のときのように,微分して極大値を求める云々といった作業を行えばよいのだろうか.

驚くべきことに,そんな面倒な作業は一切,不要である.閉領域の**境界**だけを調べれば十分なのである!それが,次に示す**最大値の定理**である.

> ### 定理 A.5
> 複素平面上の閉領域 D の内部で正則な複素関数 $f(z)$ について,もしそれが定数関数でないなら,$|f(z)|$ の最大値は D の境界上で与えられる.

[**証明**] (A.4) 式で $n = 0$ としたものを利用する($0! = 1$ とする).すなわち,

$$f(b) = \frac{1}{2\pi} \int_0^{2\pi} f(b + Re^{it})\, dt \tag{A.6}$$

これは,「円周上の関数値の和を 2π で割った"平均値"が円の中心における関数値と等しい」という事実を表しており,**平均値の定理**とよばれる.

いま,D の内部にある点 b で $|f(z)|$ が最大値 M をとるとする.そして,b を中

A.4 最大値の定理

心として D に含まれる半径 R の円をとる．すると，この円周上の点 $b + Re^{it}$ における絶対値 $|f(b + Re^{it})|$ は，常に $M = |f(b)|$ 以下になるので，
$$|f(b + Re^{it})| \leq |f(b)| = M \quad (\forall t)$$
これと，(A.6) 式を組み合わせると，次の不等式が得られる．
$$|f(b)| \leq \frac{1}{2\pi}\int_0^{2\pi} |f(b + Re^{it})|\, dt \leq \frac{1}{2\pi}\int_0^{2\pi} |f(b)|\, dt = |f(b)|$$
これは，$|f(b + Re^{it})| = M$ であることに他ならない．さらに，R が任意であることを考えると，結局，b の周りの円盤内部において $|f(z)| = M$ であることになる．これは，演習問題 3.7 でみたとおり，関数自身が定数であることを意味する．つまり，円盤内で $f(z) = M$ となる．

最後に，領域 D を円盤で埋め尽くしておくと，各円盤において関数は定数値をとるが，いま関数は D で正則なので，それらの定数値はすべて同一である（一致の定理）．結局，D 内で $f(z)$ は定数関数となる．定理の主張は，これの対偶である．

(証明終)

この結果はかなり直観に反する．先に考えた実関数の複素数版 $f(z) = z^3 - z$ を閉領域 $|z| \leq 1$ で考えると，$|f(z)|$ の最大値は必ず境界上で与えられる，というのである．実際，図 A.5 はこれを3次元プロットしたものであるが，確かに，境界

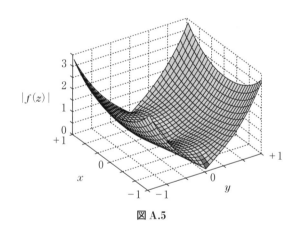

図 A.5

$|z| = \sqrt{x^2 + y^2} = 1$ 上で $|f(z)|$ は最大値 2 をとる[2]．また，そもそもどんな閉領域を考えても，最大値はその境界で与えられることが図からみてとれる．

この事実は，$|f(z)|$ を第3軸とする3次元プロットを考えていると，その意味

---

2) $|f(z)| = |z(z^2 - 1)| = |z| \cdot |z^2 - 1| \leq |z^2 - 1| \leq |-1 - 1| = 2$. 等号は $z = \pm i$ のときに成り立つ．

を掴みにくい．代わりに，次のように考えてみよう．

まず，xy 平面における閉領域 D は，$f(z)$ により uv 平面における閉領域 D' に写される．ここで $|f(z)| = |u + iv| = \sqrt{u^2 + v^2}$ であるから，これは uv 平面における原点から D' 内部の点 (u, v) までの距離を表す（図 A.6）．明らかに，$|f(z)|$ の最大値は D' の境界上の点 (u_0, v_0) で与えられることがわかる．最大値の定理は，「(u_0, v_0) に写る xy 平面上の点が，D の境界上の点で与えられる」といっているのである．こう考えると，定理 A.5 の内容はそれほど不自然なことではないかもしれない．

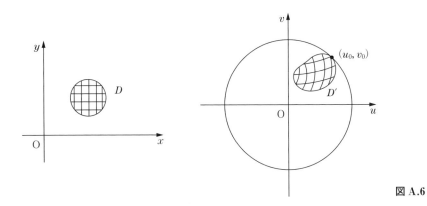

図 A.6

問題 A.5 例題 2.4 でみたように，複素関数 $f(z) = 1/(z^2 + 1)$ を閉領域 $|z| \leq 1/2$ で考えると，$|f(z)|$ の最大値は境界上の点 $z = \pm i/2$ で与えられる．では，閉領域 $|z| \leq 2$ で考えるとどうなるか．この場合でも，最大値は境界 $|z| = 2$ 上の点で与えられるか否か答えよ．

問題 A.6 絶対値の代わりに，実部あるいは虚部を考えたらどうなるか．つまり，複素関数 $f(z)$ の実部あるいは虚部は，閉領域のどこで最大値をとるかを調べよ．また，最小値の場合についても調べよ（演習問題 2.11 を参照）．

問題・演習問題の略解

詳細な解答を本書に関する裳華房の Web ページ
　　https://www.shokabo.co.jp/mybooks/ISBN978-4-7853-1565-8.htm
に用意したので，必要に応じて参照してほしい．

第 0 章

問 題

[0.1]　グラフは省略．（1）　すべての x で微分可能，（2）　$x = \pm 1$ で微分不可能，（3）　$x = \pm 1$ で微分不可能．

[0.2]　（1）　$\log(5/2)$, （2）　$\log\sqrt{2}$, （3）　π．

[0.3]　省略．

[0.4]　5/2．

演 習 問 題

[0.1]　（1）　$\int_C dx = -2, \int_C dy = 0$, （2）　$\int_C x\,dx = 0, \int_C x\,dy = \dfrac{\pi}{2}$．

[0.2]　ヘッセ行列を H と表すと，停留点において $\Delta f = \Delta\xi^\top H \Delta\xi$．ここで $\Delta\xi = (\Delta x, \Delta y)^\top$ は縦ベクトル．ゆえに，H の 2 つの固有値がいずれも正のとき Δf は必ず増加し，H の固有値がいずれも負のとき Δf は必ず減少する．どちらでもないときは，関数の増減は変数が変化する方向に依存する．

[0.3]　省略．なお，$g(x,y)$ は $f(x,y)$ を z 軸の周りに 45°回転したものである．

第 1 章

問 題

[1.1]　（1）　$10i$, （2）　$(1-i)/2$, （3）　$-\sqrt{2} - 5i$．

[1.2]　省略．

[1.3]　（1）　省略，（2）　$z_1 = 1, z_2 = i$ とすると $z_1^2 + z_2^2 = 0$．

[1.4]　（1）　$z = x + iy = 0$ と $\bar{z} = x - iy = 0$ を掛けると $x^2 + y^2 = 0$．ゆえに $x = y = 0$．逆は自明．（2）　$z_1 z_2 = 0$ と $\bar{z}_1 \bar{z}_2 = 0$ を掛けると $|z_1|^2 |z_2|^2 = 0$．ゆえに $z_1 = 0$ または $z_2 = 0$．逆は自明．（3）　$z = x + iy, \bar{z} = x - iy$ に絶対値の定義を適用する．（4）　$z_1/z_2 = z_1\bar{z}_2/z_2\bar{z}_2 = z_1\bar{z}_2/|z_2|^2$ の絶対値をとる．

[1.5]　（1）　条件は $x^2 + y^2 \leq 1$ と等価．これより，$z + \bar{z} = 2x \leq 2\sqrt{x^2 + y^2}$

≤ 2. (2) 両辺とも非負なので,与式は $|z_1 - z_2|^2 \leq (|z_1| + |z_2|)^2$, つまり $-z_1\bar{z}_2 - \bar{z}_1 z_2 \leq 2|z_1||z_2|$ と等価.これに(1)の不等式を利用する.(3)(2)を繰り返し用いる.

[**1.6**] (1) 直線 $4x - 2y = 3$, (2) 円周 $(x - 8/3)^2 + (y + 1/3)^2 = 20/9$, (3) 問題(2)の円周の境界および内部の領域.

[**1.7**] (1) $z = 2\{\cos(11\pi/6) + i\sin(11\pi/6)\}$, (2) $z = 2\{\cos(\pi/3) + i\sin(\pi/3)\}$, (3) $z = 4\{\cos(5\pi/3) + i\sin(5\pi/3)\}$.

[**1.8**] $z_1/z_2 = \cos(\theta_1 - \theta_2) + i\sin(\theta_1 - \theta_2)$.

[**1.9**] $m > 0$ として,

$$(\cos\theta + i\sin\theta)^{-m} = \frac{1}{(\cos\theta + i\sin\theta)^m} = \frac{1}{(\cos m\theta + i\sin m\theta)}$$
$$= \cos m\theta - i\sin m\theta = \cos(-m\theta) + i\sin(-m\theta)$$

となる.

[**1.10**] (1) 中心ゼロの単位円周に内接する正6角形の頂点が解に対応する.ただし,$z = 1$ が解の1つ.(2) 中心ゼロ,半径 $\sqrt{2}$ の円に内接する正6角形の頂点が解に対応する.ただし,$z = \sqrt{2}i$ が解の1つ.(3) $z = \pm 2^{1/4}\{\cos(\pi/8) + i\sin(\pi/8)\}$.

[**1.11**] (1) $z = -1 \pm 2^{1/4}\{\cos(\pi/8) + i\sin(\pi/8)\}$, (2) $z = (-1 \pm \sqrt{3}/2) + i/2$, (3) 解なし.

[**1.12**] 省略.

演習問題

1.1 (1) 解の公式より,$z = (-1 \pm \sqrt{-3 - 4i})/2$. さらに,$w^2 = -3 - 4i$ を満たす w は $w = \pm(1 - 2i)$. ゆえに,$z = -i, -1 + i$.

(2) $z = x + iy$ とおくと,$(x^2 - y^2 + x + 1) + i(2xy + y + 1) = 0$. 実部,虚部をゼロとする2式はそれぞれ双曲線を表す.これらの交点は2つあり,(1) と同じ解が得られる.

1.2 (1) $a > 0$ かつ $b > 0$.

(2) $w = -iz$ とおき,$\text{Im}(z) = \text{Re}(w) < 0$ であるための必要十分条件を求めればよい.答えは $ia < 0, b < 0$.

1.3 (1) $k : -\infty \to 1/4$ とすると,2つの解がそれぞれ実軸上を $\pm\infty$ から $z = -1/2$ に向かって移動し,$z = -1/2$ に達する.次に $k : 1/4 \to +\infty$ とすると,2つの解は $-1/2$ から分裂し,直線 $x = -1/2$ に沿ってそれぞれ虚部 $\pm\infty$ 方向に移動する.

(2) 省略.

(3) $k : -\infty \to 0$ とすると,2つの解は実軸上 $\pm\infty$ から $z = 0$ に向かって移

動し, $z=0$ に達する. 次に $k: 0 \to 4$ とすると, 2つの解はそれぞれ円周 $(x+1)^2 + y^2 = 1$ の上半平面, 下半平面の部分に沿って移動し, $z = -2$ に達する. 最後に $k: 4 \to +\infty$ とすると, 2つの解は点 $z=-2$ から分裂し, 実軸 $\pm\infty$ 方向に移動していく.

1.4 (1) 省略.
(2) $dz/dt = dx/dt + i\,dy/dt = \omega y + i(-\omega x) = -i\omega z$. この解は $z(t) = e^{-i\omega t} z(0)$. 初期値を $z(0) = x(0) + iy(0)$ とすれば, $z(t) = (\cos\omega t - i\sin\omega t)\{x(0) + iy(0)\}$. これの実部, 虚部が $x(t)$, $y(t)$ である.

1.5 (1) $z_n = 2 - 1/2^n \to 2$.
(2) $x_n = 1 + x_{n-1}/2$, $y_n = y_{n-1}/2$. ゆえに $x_n = 2 + (x_0 - 2)/2^n$, $y_n = y_0/2^n$.
(3) $y_0 x_n = 2y_0 + (x_0 - 2)y_n$ が成り立つ. これは, (x_n, y_n) が常に直線 $y_0 x = 2y_0 + (x_0 - 2)y$ 上にあることを意味する.

1.6 (1) n が偶数のときは $z_n = 2 + (z_0 - 2)/2^n$, n が奇数のときは $z_n = 2 + (\bar{z}_0 - 2)/2^n$. つまり z_n は番号 n に応じて2つの直線上を行き来し, $z_\infty = 2$ に収束する.
(2) $z_n = \alpha + i^n(z_0 - \alpha)$. ただし, $\alpha = (1+i)/2$. これは n に応じて4通りの値をとる. 特に, $|z_n - \alpha| = |z_{n-1} - \alpha|$ から, z_n は中心 α, 半径1の円周上にある.

1.7 (1) $k|z| = |z-a|$ の両辺を2乗し変形すると次式を得る
$$\left| z + \frac{a}{k^2 - 1} \right|^2 = \left(\frac{k|a|}{k^2 - 1} \right)^2$$
これは中心 $a/(1-k^2)$, 半径 $k|a|/|k^2-1|$ の円を表している.
(2) 最大値は $\sqrt{2} + 1$, 最小値は $\sqrt{2} - 1$.
(3) $\bar{a}z + a\bar{z} = |a|^2$ が成り立つので, 直線.

1.8 (1) α, β が直交するとき, β は $\beta = ik\alpha$ と表せる. このとき $\alpha\bar{\beta} + \bar{\alpha}\beta = -ik|\alpha|^2 + ik|\alpha|^2 = 0$. 逆は省略.
(2) $|\alpha - \beta|^2 = 1$ と条件式から, $|\alpha|^2 + |\beta|^2 = 1$ が成り立つ. ゆえに, $|\alpha\beta| \leq (|\alpha|^2 + |\beta|^2)/2 = 1/2$.

1.9 (1) $\alpha - \gamma$ に対応するベクトルを反時計回りに $60°$ 回転させると, $\beta - \gamma$ に対応するベクトルになる. ゆえに, $\beta - \gamma = (1/2 + \sqrt{3}i/2)(\alpha - \gamma)$. これを変形すると条件式を得る.
(2) $\alpha = 1$, $\beta = it$, $\gamma = x + iy$ とおいて条件式に代入し, さらに実数 t を消去すると $y = \pm(x+1)/\sqrt{3}$ を得る. すなわち, γ は直線を描く.

1.10 (1) $1 + i = \sqrt{2}\{\cos(\pi/4) + i\sin(\pi/4)\}$ にド・モアブルの公式を適用すると $(1+i)^{20} = -1024$.

（2） $(1+i)^n = (\sqrt{2})^n\{\cos(n\pi/4) + i\sin(n\pi/4)\}$ より，$\sin(n\pi/4) = 0$ が条件である．これは $n = 4m$ (m は整数) と表せる．

1.11 解を反時計回りに $b_1, b_2, \cdots$ の順に単位円上に並べる．
（1） $b_1 + b_2 = \sqrt{2}i$, $b_1b_2b_3b_4 = b_1b_2(-b_1)(-b_2) = (b_1b_2)^2 = (-1)^2 = 1$.
（2） $b_1 + b_2 + b_3 = b_1 + b_3 + i = 2i$, $b_1b_2b_3b_4b_5b_6 = b_1b_2b_3(-b_1b_2b_3) = -(ib_1b_3)^2 = -(-i)^2 = 1$.

1.12 $z = x + iy$ とおくと，$f(z) = az + b = 0$ の実部・虚部は $u(x,y) = a_1x - a_2y + b_1 = 0$, $v(x,y) = a_2x + a_1y + b_2 = 0$. これらは xy 平面で直交する直線を表すので，$f(z) = 0$ は必ず 1 つの解をもつ．

1.13 この場合は，$u(x,y) = 0$, $v(x,y) = 0$ はいずれも双曲線になる（円とはならない）．またその位置関係から，必ず 2 つの交点をもつことがわかる．

1.14 （1） α はベクトル $\overrightarrow{AB}$ に対応するので，これを反時計回りに 90° 回転させたベクトル $\overrightarrow{AD}$ は $i\alpha$ と表される．ゆえに点 D に対応する複素数は $1 + i\alpha$．点 C に対応する複素数は $(1+i)\alpha + 1$.
（2） B, C, D の描く軌跡はそれぞれ $(x-1)^2 + (y-1)^2 = 1$, $x^2 + (y-1)^2 = 2$, $x^2 + y^2 = 1$.
（3） $2 + 2\pi$．

第 2 章

問題

[2.1] （1） $u(x,y) = x^3 - 3xy^2$, $v(x,y) = 3x^2y - y^3$, （2） $u(x,y) = x^2 - y^2$, $v(x,y) = -2xy$, （3） $u(x,y) = x^2 + y^2$, $v(x,y) = 0$, （4） $u(x,y) = x/(x^2+y^2)$, $v(x,y) = -y/(x^2+y^2)$.

[2.2] （1） $f(z) = z^2$ の場合と全く同じ格子に写像される．（2） 格子は uv 平面の実軸につぶれてしまう．（3） uv 平面上で放射状に広がる格子．

[2.3] $f(z) = |z|^2$ の場合，u 軸上の $[4, 16]$ の範囲の線分に写像される．$f(z) = 1/z$ の場合，中心 $(3/8, 0)$, 半径 $1/8$ の円に写像される．

[2.4] （1） $e^z = 0$ は，$e^x\cos y = 0$, $e^x\sin y = 0$ と等価である．この 2 式を同時に満たす実数 (x,y) は存在しない．（2） 省略．（3） $\cos z = 0$ は $(e^y + e^{-y})\cos x = 0$, $(e^y - e^{-y})\sin x = 0$ と等価．前者から $\cos x = 0$. このとき $\sin x \neq 0$ より $y = 0$. （4） 省略．

[2.5] 省略．

[2.6] （1） $\log 5 + (2n+1)\pi i$, （2） $\log\sqrt{2} + (2n - 1/4)\pi i$, （3） $\log 1 + i(3\pi/2 + 2n\pi) = (2n + 3/2)\pi i$.

[**2.7**] （1） $\log z(t) = \log t + i(t + 2n\pi)$ と表せるので，uv 平面上の軌跡は $u = \log(v - 2n\pi)$. （2）省略．（3）満たさない．

[**2.8**] （1） $2^{-2/3}(\sqrt{3} + i)e^{4n\pi i/3}$, （2） $e^{-(2n+1)\pi}$, （3） $e^{(2n+1)\sqrt{2}\pi i}$.

[**2.9**] $z = x + iy$ とおくと，$|f(z)|^2 = 4/(e^{2x} + e^{-2x} + 4\cos^2 y - 2)$. これは $x = 0$ で最大値 $1/\cos^2 y$ をとる．さらに，これは $y = \pm 1$ で最大値をとる．ゆえに，$|f(z)|$ の最大値は境界上の点 $z = \pm i$ で与えられる．

演習問題

[**2.1**] $x^2 - y^2 = k_1$, $2xy = k_2$ の勾配ベクトルは，それぞれ $\boldsymbol{g}_1 = (2x, -2y)$, $\boldsymbol{g}_2 = (2y, 2x)$. これらは常に直交するので，曲線は各点で直交する．

[**2.2**] （1） $x^2 - y^2 = k > 0$ 全体．
（2） $x^2 - y^2 = k < 0$ 全体．
（3） $2xy = k$ 全体．
（4） 結局，$x^2 - y^2 = k_1$, $2xy = k_2$ のパラメータ k_1, k_2 をいろいろ動かして得られる曲線群が，uv 平面上での直交格子に写ることがわかる．図は省略．

[**2.3**] 省略．

[**2.4**] （1） $w = f(z)$ と z を偏角 $-\theta$ だけ回転すると，$we^{-i\theta}$, $ze^{-i\theta}$ となり，これらが実軸対称である．ゆえに $\overline{ze^{-i\theta}} = we^{-i\theta}$. これより，$w = f(z) = \bar{z}e^{2i\theta}$.
（2） $we^{-i\theta}$ は，$ze^{-i\theta}$ とその複素共役の中点にある．ゆえに $we^{-i\theta} = (ze^{-i\theta} + \bar{z}e^{i\theta})/2$. これより，$w = f(z) = (z + \bar{z}e^{2i\theta})/2$.

[**2.5**] （1） 与式から $z = (b - dw)/(cw - a)$ と変形できるので，例えば z が円 $|z| = 1$ を描くなら，w は $|b - dw| = |cw - a|$ を満たす．これは $|c| = |d|$ の場合を除き，アポロニウスの円となる（演習問題 [**1.7**] を参照）．
（2） $z = 1/w$ であり，これより w は $|1 - \alpha w| = r|w|$ を満たす．これは，$r = |\alpha|$ の場合を除き，アポロニウスの円となる．
（3） $w = (z + b)/(\bar{b}z + 1)$ を $|w| < 1$ に代入すると，$|z + b| < |\bar{b}z + 1|$. これに条件 $|b| < 1$ を課すと $|z| < 1$ を得る．ゆえに，2つの円型開領域 $|w| < 1$ と $|z| < 1$ が写り合う．

[**2.6**] $w = (az + b)/(cz + d)$ に条件を代入すると，$a = d, b = c = id$ が得られる．ゆえに，$w = (z + i)/(iz + 1)$.

[**2.7**] (1) $|z| < 1$ は $|s + 1| < |s - 1|$ と等価である．これより $s + \bar{s} < 0$, つまり $\mathrm{Re}(s) < 0$.
（2） 方程式を s で表すと，$(a + b + 1)s^2 + 2(1 - b)s + 1 - a + b = 0$ となる．この2次方程式の解の実部が非正となる条件を ab 平面で表示すればよい．
（3） $|f(2i)|^2 = 4a^2 + (b - 4)^2 = k$ とおくと，これは ab 平面上の中心 $(0, 4)$ の楕円である．この楕円が（2）で求めた領域と交点をもつ範囲を求めると，

$9 \leq k \leq 25$. ゆえに，$|f(2i)|$ の最大値，最小値はそれぞれ $5, 3$ である．

2.8 (2.16) 式から，$z^a = r^a e^{i\theta a} e^{2na\pi i}$．この式の両辺の絶対値をとれば，$|z^a| = r^a$．いま $r = |z|$ であったから，結局，$|z^a| = |z|^a$ が得られる．

2.9 $|\cos z|^2 = \cos^2 x + (e^y - e^{-y})^2/4$ の最大値は，$x^2 + y^2 \leq \pi^2$ のとき，境界上の点 $x = 0$，$y = \pm\pi$ で与えられる．証明は省略．

2.10 $f(z) = z^2$ については $|f(z)| = x^2 + y^2$ であり，例えば閉領域 $|z| \leq 1$ すなわち $x^2 + y^2 \leq 1$ での最小値は明らかに $|f(0)| = 0$ である．

2.11 （1） u, v ともに最大値は 1，最小値は -1．（2） u の最大値は $-1/3$，最小値は -1．v の最大値は $1/3$，最小値は $-1/3$．これらの値はすべて境界上の点で与えられる．

第 3 章

問 題

[3.1] （1） $z = 0$ を除いて微分可能．（2） すべての z で微分不可能．（3） すべての z で微分可能．

[3.2] （1），（2），（3）の答えは問題 3.1 と同じ．（4） すべての z で微分可能．

[3.3] 「2つの」関連する実 2 変数関数が対象であることが，条件 $\partial G/\partial \bar{z} = 0$ が非自明な等式関係（CR 関係式）を導く理由である．

[3.4] $z = x + iy$ とすると $f = 2x$ である．これは複素平面が u 軸につぶれてしまうことを意味しており，当然，微小円が微小円に写像されることはない．

演 習 問 題

3.1 省略．

3.2 （1） CR 関係式より，
$$\frac{\partial^2 u}{\partial x^2} + \frac{\partial^2 u}{\partial y^2} = \frac{\partial}{\partial x}\left(\frac{\partial u}{\partial x}\right) + \frac{\partial}{\partial y}\left(\frac{\partial u}{\partial y}\right) = \frac{\partial}{\partial x}\left(\frac{\partial v}{\partial y}\right) + \frac{\partial}{\partial y}\left(-\frac{\partial v}{\partial x}\right) = 0$$
v に関する等式も同様に導ける．

（2） u に関するヘッセ行列は，（1）の結果から
$$H = \begin{pmatrix} \frac{\partial^2 u}{\partial x^2} & \frac{\partial^2 u}{\partial x \partial y} \\ \frac{\partial^2 u}{\partial x \partial y} & \frac{\partial^2 u}{\partial y^2} \end{pmatrix} = \begin{pmatrix} \frac{\partial^2 u}{\partial x^2} & \frac{\partial^2 u}{\partial x \partial y} \\ \frac{\partial^2 u}{\partial x \partial y} & -\frac{\partial^2 u}{\partial x^2} \end{pmatrix}$$

となる．この行列の 2 つの固有値は必ず 0 以上と 0 以下のもののペアになる（演習問題 **0.2** を参照）．ゆえに閉領域内に関数の極大値または極小値を与える点は

存在せず，したがって，最大，最小は領域の境界上の点で与えられることになる．

3.3 $v(x, y) = 2xy + c$. c は定数．

3.4 $n = 1$ で，$v(x, y) = y + c$. c は定数．

3.5 CR 関係式より，

$$\langle g_u, g_v \rangle = \frac{\partial u}{\partial x}\frac{\partial v}{\partial x} + \frac{\partial u}{\partial y}\frac{\partial v}{\partial y} = -\frac{\partial u}{\partial x}\frac{\partial u}{\partial y} + \frac{\partial u}{\partial y}\frac{\partial u}{\partial x} = 0$$

3.6 （1） 省略．

（2） $x = (z + \bar{z})/2$, $y = (z - \bar{z})/2i$ より，

$$\frac{\partial f}{\partial z} = \frac{\partial f}{\partial x}\frac{\partial x}{\partial z} + \frac{\partial f}{\partial y}\frac{\partial y}{\partial z} = \left(\frac{1}{2}\frac{\partial}{\partial x} + \frac{1}{2i}\frac{\partial}{\partial y}\right)f = \frac{e^{-i\theta}}{2}\left(\frac{\partial}{\partial r} - \frac{i}{r}\frac{\partial}{\partial \theta}\right)f$$

$\partial/\partial \bar{z}$ の場合も同様．

（3） 以上の結果と定理 3.2 から，

$$\frac{d}{dz}\text{Log}\, z = \frac{\partial}{\partial z}\text{Log}\, z = \frac{e^{-i\theta}}{2}\left(\frac{\partial}{\partial r} - \frac{i}{r}\frac{\partial}{\partial \theta}\right)(\log r + i\theta) = \frac{1}{re^{i\theta}} = \frac{1}{z}$$

（4） （3）の場合の計算と同様．

3.7 （1） CR 関係式より，

$$0 = \frac{\partial}{\partial x}(u^2 + v^2) = 2u\frac{\partial u}{\partial x} + 2v\frac{\partial v}{\partial x} = 2u\frac{\partial u}{\partial x} - 2v\frac{\partial u}{\partial y}$$

もう一つの等式も同様．

（2） （1）の等式に現れる行列について，その行列式は $u^2 + v^2$．ゆえに $u = v = 0$ という場合（このとき f は定数）を除き，この行列は逆行列をもつ．したがって $\partial u/\partial x = \partial u/\partial y = 0$ より，u は定数．v についても同様．

3.8 （1） u, v の全微分と CR 関係式から，次式が成立する．

$$\begin{pmatrix} \Delta u \\ \Delta v \end{pmatrix} = \mathbf{A}\begin{pmatrix} \Delta x \\ \Delta y \end{pmatrix} = \begin{pmatrix} \frac{\partial u}{\partial x} & \frac{\partial u}{\partial y} \\ \frac{\partial v}{\partial x} & \frac{\partial v}{\partial y} \end{pmatrix}\begin{pmatrix} \Delta x \\ \Delta y \end{pmatrix} = \begin{pmatrix} \frac{\partial u}{\partial x} & \frac{\partial u}{\partial y} \\ -\frac{\partial u}{\partial y} & \frac{\partial u}{\partial x} \end{pmatrix}\begin{pmatrix} \Delta x \\ \Delta y \end{pmatrix}$$

$\mathbf{A}$ は $\mathbf{A}\mathbf{A}^\top = r(x, y)I$ を満たす．これは，$\mathbf{A}$ が微小ベクトルを回転し，その長さを $\sqrt{r}$ 倍に拡大することを意味する．注目点 (x, y) において，この回転角度と拡大の割合は，微小ベクトル $(\Delta x, \Delta y)^\top$ によらない．

（2） $f(z)$ が正則でないときは，上式の最後の式変形ができなくなる．そして，$f(z) = |z|^2 = x^2 + y^2$ のとき $v = 0$ なので，任意の $\Delta x, \Delta y$ について $\Delta v = 0$ である．また，Δu の大きさが $\Delta x, \Delta y$ に依存するようになり，方向によっては $\Delta u = 0$ となる．

3.9 （1） $z_B = 1 + \alpha$, $z_D = 1 + i\alpha$ であり，これらはそれぞれ $f(z) = z^2$ によって $z'_B = (1 + \alpha)^2$, $z'_D = (1 + i\alpha)^2$ に写像される．ゆえに A'B'，A'D' に対応

する複素数はそれぞれ $z_{A'B'} = 2\alpha + \alpha^2$, $z_{A'D'} = 2i\alpha - \alpha^2$. これより

$$\overline{z_{A'B'}}z_{A'D'} + z_{A'B'}\overline{z_{A'D'}} = -2|\alpha|^2(\alpha + i\alpha + \bar{\alpha} - i\bar{\alpha}) - 2|\alpha|^4$$

一般の α について，これは非ゼロである．ゆえに演習問題 1.8 の結果から，一般に A'B' と A'D' は直交しない．しかし，等角写像は変換で四角形のカドの角度を保つが，必ずしも四角形を四角形に写さない．ゆえに上記の結果は等角写像に矛盾しない．

（2） $\alpha \to 0$ で上式はゼロに収束する．つまり，A'B' と A'D' は直交する．これは，A'B'C'D' が四角形であることを意味しており，つまり等角写像は微小四角形を微小四角形に写像する．

第 4 章

問 題

[4.1] （1） $\int_{C_1} f\, dz = \dfrac{5+10i}{3}$, （2） $\int_{C_2} f\, dz = \dfrac{1+14i}{3}$.

[4.2] $\oint_C \bar{z}\, dz = 2i$.

[4.3] $\oint_{C_\alpha} \bar{z}\, dz = 2\pi i r^2$

[4.4] （1）から（4）のすべての関数について，$|z| = 1/2$ 内に特異点は存在せず，したがって，コーシーの積分定理より積分値はゼロ．

[4.5] $\int_D dx\, dy$ は領域 D の面積を表している．つまりこの式は，領域 D の面積が複素積分 $\dfrac{1}{2i}\oint_C \bar{z}\, dz$ で計算できるという公式を表している．

[4.6] （1） $\int_{C_1} \dfrac{1}{z}\, dz = -\pi i$, $\int_{C_1} \dfrac{1}{z^2}\, dz = -2$. （2） $\int_{C_2} \dfrac{1}{z}\, dz = \pi i$, $\int_{C_2} \dfrac{1}{z^2}\, dz = -2$.

[4.7] （1） 0, （2） $4\pi i$, （3） $4\pi i$.

[4.8] 議論の筋道は 4.4 節で示したものとほぼ同じであるが，この場合は $-ia$ を中心とする小円を C_- とし $\oint_{\widetilde{C_R}} f(z)\, dz = \oint_{C_-} f(z)\, dz$ なるおきかえを行う．半円弧についての線積分が $R \to \infty$ でゼロに収束することも同様である．

[4.9] （1） $\pi i \sin(1)/2$. （2） $\pi i(e - e^{-1})$. （3） $2\pi i$.

演習問題

[4.1] 1 周目，2 周目の経路 C_1, C_2 に沿う周回積分は，いずれも原点を中心とする円周 C' に沿う周回積分に等値できる．ゆえに積分値は

$$\oint_C \frac{1}{z} dz = \oint_{C_1} \frac{1}{z} dz + \oint_{C_2} \frac{1}{z} dz = 2\oint_{C'} \frac{1}{z} dz = 2 \cdot 2\pi i = 4\pi i$$

4.2 $f(z) = \bar{z} - 1 - 1/(z-1)$ と変形できる.第 1 項に関する積分は,問題 4.5 の結果から $\oint_C \bar{z} \, dz = 2i \cdot 4a^2 = 8a^2 i$.第 2 項は正則関数なので,その積分はゼロ.第 3 項は点 1 の周りの小円に沿う周回積分に等値できるので,$-\oint_C \frac{1}{z-1} dz = -2\pi i$.以上より,積分値は $8a^2 i - 2\pi i$.

4.3 (1) $(a, b, c, d) = (-1-i, -i, i, 0)$.
(2) 関数の 2 つの特異点 $1, i$ ともに経路 C 内にあるので,C_i, C_1 を中心がそれぞれ $i, 1$ の小円として,積分は次式のように計算できる.

$$\oint_C f(z) \, dz = \oint_{C_i} \frac{-1-i}{(z-i)^2} dz + \oint_{C_i} \frac{-i}{z-i} dz + \oint_{C_1} \frac{i}{z-1} dz$$
$$= 0 - i \cdot 2\pi i + i \cdot 2\pi i = 0$$

4.4 (1) C 上の動点を $z(t) = x(t) + i y(t)$ $(t : t_0 \to t_1)$ と表せば,

$$\left| \int_C f(z) \, dz \right| = \left| \int_{t_0}^{t_1} f(z(t)) \cdot \frac{dz(t)}{dt} dt \right| \leq \int_{t_0}^{t_1} |f(z(t))| \cdot \left| \frac{dz(t)}{dt} \right| dt$$
$$\leq M \int_{t_0}^{t_1} \left| \frac{dx(t)}{dt} + i \frac{dy(t)}{dt} \right| dt$$
$$= M \int_{t_0}^{t_1} \sqrt{\left(\frac{dx(t)}{dt} \right)^2 + \left(\frac{dy(t)}{dt} \right)^2} \, dt = ML$$

(2) 円周上の点は $z(t) = Re^{it}$ $(t : 0 \to 2\pi)$ とパラメータ表示できるので,

$$|f(z)|^2 = \frac{1}{|R^2 e^{2it} + a^2|^2} = \frac{1}{R^4 + 2R^2 a^2 \cos 2t + a^4} \leq \frac{1}{R^4 - 2R^2 a^2 + a^4}$$

等号成立は $t = \pi/2$ のとき.一方,C の長さは πR より,(1) の結果より,所望の不等式が得られる.なお,この結果は $R \to \infty$ で積分が $\int_C f(z) \, dz \to 0$ であることを示しており,4.4 節の (iii) の別証明となっている.

4.5 $|z| < 1$ のとき,被積分関数は $C : |w| = 1$ 内に 2 つの特異点 $0, z$ をもつ.ゆえに $f(z) = (2\pi i z + 2\pi i \bar{z})/2\pi i = z + \bar{z}$.一方 $|z| > 1$ のときは,被積分関数の第 2 項 $\bar{z}/(w-z)$ は C 内で正則である.ゆえに,このとき $f(z) = z$.また,
$$\oint_{|z|=2} f(z) \, dz = \oint_{|z|=2} z \, dz = \int_0^{2\pi} 2e^{it} \cdot 2ie^{it} \, dt = 0 \text{ である}.$$

4.6 この計算では $1 + i = \sqrt{2} e^{\pi i/4}$, $1 - i = \sqrt{2} e^{7\pi i/4}$ としているが,これは偏角を $7\pi/4$ から $\pi/4$ まで時計回りに変化させていることを意味する.いまの場合は偏角を反時計回りに変化させなければならないので,$1 - i = \sqrt{2} e^{-\pi i/4}$ とする.これにより,積分 $= \log(\sqrt{2} e^{\pi i/4}) - \log(\sqrt{2} e^{-\pi i/4}) = \pi i/2$.

$\boxed{4.7}$ 言い切れない．つまり，一般に「$f(z)$ が C 内で正則 $\Rightarrow \oint_C f(z)\,dz = 0$」であるが，これの逆は成立しない．例えば，4.1.4 項で $\oint_{C_\alpha}(z-\alpha)^{-2}dz = 0$ であることをみたが，$f(z) = (z-\alpha)^{-2}$ は C_α 内で正則ではない．

$\boxed{4.8}$ （1） 被積分関数は $f(z) = 1/(z-a_1) + 1/(z-a_2)$．ゆえに，$a_1$，$a_2$ がいずれも C 内にあるときは $I = 2$．a_1，a_2 の一方だけが C 内にあるときは $I = 1$．2つとも外にあるときは $I = 0$．この結果は，$a_1 = a_2$ であるときを含む．

（2） 例えば $a_1, \cdots, a_n$ がすべて C 内にあるときは，$I = n$ である．

（3） 重複を込めて，$P(z) = 0$ の解のうち C 内に存在するものの個数を表している．

$\boxed{4.9}$ （1） 省略．（2） $8\pi/3$．

$\boxed{4.10}$ （1） $2\sin t\cos t = \sin 2t$ であるから，$z(t) = e^{2it}$ とおく．このとき，$\sin 2t = (z - 1/z)/2i$，$dz/dt = 2iz$．また，元の積分において変数が $t : 0 \to 2\pi$ と変化すると，$z(t)$ は $|z| = 1$ 上を2周する．これより，

$$\int_0^{2\pi}\frac{24}{13 + 12\sin 2t}\,dt = 2\oint_{|z|=1}\frac{24}{13 + 12\cdot\frac{1}{2i}(z-1/z)}\cdot\frac{dz}{2iz} = \frac{48\pi}{5}$$

となる．

（2） $2\pi/(1-a^2)$．

$\boxed{4.11}$ $\oint_C f(z)\,dz = 0$ の各項を，$r \to 0$，$R \to \infty$ のもとで評価する．まず，半径 r の半円 C_r 上では $z(t) = re^{it}$ $(t : \pi \to 0)$ であるから，

$$\int_{C_r}f(z)\,dz = \int_\pi^0 \frac{e^{ir\cos t - r\sin t}}{re^{it}}\cdot ire^{it}\,dt \quad \to \quad -\pi i \quad (r \to 0)$$

次に，C_R 上では $z(t) = Re^{it} = R(\cos t + i\sin t)$ $(t : 0 \to \pi)$ より

$$\left|\int_{C_R}f(z)\,dz\right| = \left|i\int_0^\pi e^{iR\cos t - R\sin t}\,dt\right| \leq \int_0^\pi e^{-R\sin t}\,dt = 2\int_0^{\pi/2}e^{-R\sin t}\,dt$$

ここで，$0 \leq t \leq \pi/2$ では常に $\sin t \geq 2t/\pi$ が成り立つので，$R \to \infty$ の極限で $\left|\int_{C_R}f(z)\,dz\right| \leq 2\int_0^{\pi/2}e^{-2Rt/\pi}dt \to 0$．つまり，この極限で $\int_{C_R}f(z)\,dz \to 0$．最後に，$r \to 0$，$R \to \infty$ で $\int_{C_r}f(z)\,dz + \int_{C_R}f(z)\,dz + 2iI = 0$．ゆえに $I = \pi/2$．

$\boxed{4.12}$ AB 上では $z(t) = Re^{it} = R(\cos t + i\sin t)$ $(t : 0 \to \pi/4)$ より，

$$\left|\int_{AB}f(z)\,dz\right| = \left|\int_0^{\pi/4}e^{-R^2\cos 2t - iR^2\sin 2t}\cdot iRe^{it}\,dt\right| \leq \int_0^{\pi/4}Re^{-R^2\cos 2t}\,dt$$

ここで，$0 \leq t \leq \pi/4$ では常に $\cos 2t \geq 1 - 4t/\pi$ が成り立つので，$R \to \infty$ の極限

で $\left|\int_{AB} f(z)\,dz\right| \leq R\int_0^{\pi/4} e^{-R^2(1-4t/\pi)}\,dt \to 0$. つまり，この極限で $\int_{AB} f(z)\,dz \to 0$.

次に，OA に沿う積分で $R \to \infty$ としたものは，$\lim_{R\to\infty} \int_{OA} f(z)\,dz = \int_0^\infty e^{-x^2}\,dx = \sqrt{\pi}/2$. 最後に，OB 上では $z(t) = (1+i)t/\sqrt{2}$ $(t : R \to 0)$ であるから，

$$\int_{OB} f(z)\,dz = \frac{1+i}{\sqrt{2}} \int_R^0 e^{-it^2}\,dt \;\to\; \frac{1+i}{\sqrt{2}} \int_0^\infty \{i\sin t^2 - \cos t^2\}\,dt \quad (R \to \infty)$$

いま，コーシーの積分定理より $\int_{OA} f\,dz + \int_{AB} f\,dz + \int_{BO} f\,dz = 0$ であるから，この式で $R \to \infty$ とすることで $\int_0^\infty \cos t^2\,dt = \sqrt{\pi/8}$ を得る．

4.13 （1） この場合，実軸上に沿って動点が動くとしてよいので，積分は $I_{C_1} = \int_{-1}^1 f(x)\,dx = \pi/2$.

（2） 往復経路に沿う積分値はゼロである．また，z_P, z_Q を結ぶ直線経路に沿う積分は（1）で計算した量である．ゆえに結局，

$$I_{C_2} = I_{C_1} + \oint_{C_i^{-1}} f(z)\,dz = \frac{\pi}{2} + \oint_{C_i^{-1}} \frac{1}{2i}\left(\frac{1}{z-i} - \frac{1}{z+i}\right)dz = \frac{\pi}{2} - \frac{2\pi i}{2i} = -\frac{\pi}{2}$$

となる．ただし，C_i は $z = i$ の周りの小円上を反時計回りに進む経路である．

（3） この場合，（2）の経路に $z = -i$ の周りの小円上を時計回りに進む経路 C_{-i} が加わったもので積分を行うことになる．ゆえに，

$$I_{C_3} = I_{C_1} + \oint_{C_i^{-1}} f(z)\,dz + \oint_{C_{-i}} f(z)\,dz = \frac{\pi}{2} - \frac{2\pi i}{2i} - \frac{2\pi i}{2i} = -\frac{3\pi}{2}$$

となる．

（4） I_C は実軸上の直線経路，C_i，C_{-i} の3つの経路上の積分に分割される．直線経路は1回，円周は経路によって複数回周回し，いずれの場合も積分値は実数である．ゆえに，積分値は常に実数．

（5） C_i，C_{-i} を1回回るときの積分値は π または $-\pi$ である．つまり，周回する回数は経路に依存するが，結局は $n\pi$ の形になる（n は整数）．I_C は，これを直線経路に沿う積分値 I_{C_1} に加算したものであるから，$I_C = \pi/2 + n\pi$. ゆえに，$|I_C|$ の最小値は $\pi/2$.

4.14 （1） $f(z) = -1/(z-1) + 2/(z-2)$ であり，第2項目に関する計算法のみを示す．この場合，経路は実軸および点 $z = 2$ の周りの上半円を結合したものとなる．半円上での動点は $z(t) = 2 + \epsilon e^{it}$ $(t : \pi \to 0)$ と表せるので，積分は

$$\int_0^{2-\epsilon} \frac{2}{x-2}\,dx + \int_{2+\epsilon}^3 \frac{2}{x-2}\,dx + \int_\pi^0 \frac{2}{(2+\epsilon e^{it})-2} \cdot i\epsilon e^{it}\,dt = -2\log 2 - 2\pi i$$

これと同様の計算を $-1/(z-1)$ の部分についても行えば，$I_{C_1} = -3\log 2 - \pi i$.

（2） $-1/(z-1)$ の部分については，積分結果は（1）のものと同じである．一方 $2/(z-2)$ については，（1）の経路を $z=2$ の周りの下半円を経由するものに変更すると，上式第3項の積分区間は $t:\pi \to 2\pi$ となり，その積分値は $2\pi i$．結局，全体の積分値は $I_{C_2} = -3\log 2 + 3\pi i$．

（3） $I_{C_3} = I_{C_1} + 2\pi i = -3\log 2 + \pi i$．

（4） 経路は，どの場合でも $z=1$, $z=2$ の周りの半円と z_P と z_Q を結ぶ実軸上の線分をつなげたものが基本経路となる．これに $z=1$, $z=2$ の周りを周回する（何周してもよい）経路を加えることができる．ゆえに，演習問題 4.13 の（4）と同じ考え方により，$|I_C|$ の最小値は $\sqrt{(3\log 2)^2 + \pi^2}$ とわかる．

4.15　（1） 実軸上の点1から r までは，$z(t) = t$ $(t:1 \to r)$，点 r から $w = re^{i\theta}$ までは $z(t) = re^{it}$ $(t:0\to\theta)$ とパラメータ表示できる．ゆえに，
$$f(w) = \int_1^r \frac{1}{t}dt + \int_0^\theta \frac{1}{re^{it}} \cdot ire^{it}dt = \log r + i\theta = \log w$$
ただし，(2.14) 式を用いた．同様に，$g(w) = 1 - 1/w$．

（2） 上の積分計算の第2項目で t の変化を $t:2\pi \to \theta$ と変更する．答えは $f(w) = \log r + i(\theta - 2\pi)$, $g(w) = 1 - 1/w$．

（3） 時計回りに原点を n 回回るとき，積分第2項目の t の変化は $t:0 \to \theta + 2n\pi$．ゆえに，$f(w) = \log r + i(\theta + 2n\pi)$, $g(w) = 1 - 1/w$．

4.16　z を経路 $|z|=1$ に沿って $z_P = 1$ から $z_Q = z_P$ まで動かすと，$f(z_P) \neq f(z_Q)$ となる．つまり，動点が1周しても関数値は元に戻らず，これは $z_P = z_Q$ が特異点であることを意味する（2.4.2項の後半の議論を参照）．ゆえに，積分経路上に特異点が存在するので，コーシーの積分定理を直接適用することはできない．積分は，経路上の点を $z(t) = e^{it}$ と表せば次のように計算できる．
$$I = \int_0^{2\pi} e^{it/2} ie^{it} dt = i\left[\frac{2}{3i}e^{3it/2}\right]_0^{2\pi} = \frac{2}{3}(-1-1) = -\frac{4}{3}$$

第 5 章

問 題

[5.1]　（1） $a_n/a_{n+1} = \{n/(n+1)\}^{10} \to 1$ より，収束半径は1．（2） $a_n/a_{n+1} = 1/(1+1/n)^n \to 1/e$ より，収束半径は $1/e$．（3） 関数は $f(z) = \sum_m mz^m$ とおける．ただし，m は，それが整数 n の階乗 $n!$ で表せないときはゼロ．ゆえに，$\varlimsup_{m\to\infty} |a_m|^{1/m} = 1$ より収束半径は1．

[5.2]　$\sum_{n=0}^\infty a'_n(z-b)^n$, $a'_n = (n+1)a_{n+1}$ の収束半径を求める．仮定より

$|a_n|/|a_{n+1}|$ の収束が保証されているので,
$$\lim_{n\to\infty}\frac{|a'_n|}{|a'_{n+1}|}=\lim_{n\to\infty}\frac{(n+1)|a_{n+1}|}{(n+2)|a_{n+2}|}=\lim_{n\to\infty}\frac{n+1}{n+2}\cdot\lim_{n\to\infty}\frac{|a_{n+1}|}{|a_{n+2}|}=1\cdot r$$
ゆえに,収束半径は r.

[5.3]　$f(z)=\sum\limits_{n=0}^{\infty}\dfrac{(z-b)^n}{(1-b)^{n+1}}$. 収束半径は $|1-b|$.

[5.4]　(1)　$\sum\limits_{n=0}^{\infty}\dfrac{1+(-1)^n}{2}z^n$, あるいは $\sum\limits_{n=0}^{\infty}z^{2n}$. 収束半径は 1.

(2)　$\dfrac{1}{2i}\sum\limits_{n=0}^{\infty}\left\{\dfrac{(-1)^{n+1}}{(i+1)^{n+1}}-\dfrac{1}{(i-1)^{n+1}}\right\}(z-1)^n$, 収束半径は $\sqrt{2}$.

[5.5]　(1)　z, (2)　$z+z^2$, (3)　$1+2z+5z^2/2$.

[5.6]　(1)　$\dfrac{1}{z}+\sum\limits_{n=0}^{\infty}\left(2-\dfrac{1}{2^{n+1}}\right)z^n$, (2)　$\sum\limits_{n=1}^{\infty}\dfrac{-2}{z^{n+1}}-\dfrac{1}{z}-\sum\limits_{n=0}^{\infty}\dfrac{z^n}{2^{n+1}}$, (3)　$\sum\limits_{n=2}^{\infty}\dfrac{2^n-2}{z^{n+1}}$.

[5.7]　(1)　0, (2)　$4\pi i$, (3)　$4\pi i$.

[5.8]　(1)　0, (2)　$2\pi i/(m-1)!$, (3)　$2\pi i\cos(1)$.

[5.9]　(1)　$\mathrm{Res}(i)=1/2i$, $\mathrm{Res}(-i)=-1/2i$. これより,$\oint_C f(z)\,dz=0$.

(2)　$f(z)=\dfrac{1}{2i}\sum\limits_{n=0}^{\infty}\dfrac{i^n-(-i)^n}{z^{n+1}}$. これの $\dfrac{1}{z}$ の係数はゼロなので,$\oint_C f(z)\,dz=0$.

[5.10]　(1)　π, (2)　$\pi/2$, (3)　$\pi/3$.

演習問題

[5.1]　(1)　$1+z^2/6$, (2)　$1/z-z/3$.

[5.2]　(1)　$\dfrac{1}{z^2}+\dfrac{1}{z}$, (2)　$\dfrac{-1}{z-\pi/2}$, (3)　$\dfrac{1}{z}$,

(4)　$\dfrac{-e}{2(z-1)^2}+\dfrac{-3e}{4(z-1)}$, (5)　$\dfrac{1}{4!\,z}+\dfrac{1}{5!\,z^2}+\dfrac{1}{6!\,z^3}+\cdots$,

(6)　$\dfrac{\sinh(\pi/2)}{z-\pi i/2}=\dfrac{e^{\pi/2}-e^{-\pi/2}}{2}\cdot\dfrac{1}{z-\pi i/2}$.

[5.3]　(1)　$2\pi i$, (2)　$-4\pi i$, (3)　$2\pi i$, (4)　$-3\pi ei/2$, (5)　$\pi i/12$, (6)　$2\pi i\sinh(\pi/2)$.

[5.4]　まず,5.1 節の内容に従って複素ベキ級数およびその収束半径を定義すると,例題 5.1 の (1) で示したように,e^z が定義できる.同様に $\sin z$, $\cos z$ も定義できるため,これらと 2.3 節の内容から,オイラーの公式が導ける.

[5.5]　$f(z)=\sum\limits_{n=-\infty}^{\infty}a_n(z-b)^n$ の両辺に $z-b$ を掛けて,b を内部に含む経路

で周回積分すると,
$$\oint_C f(z)\cdot(z-b)\,dz = \sum_{n=-\infty}^{\infty} a_n \oint_C (z-b)^{n+1} dz = a_{-2}\cdot 2\pi i$$
ゆえに，2 次の発散スピードは $a_{-2} = \left\{\oint_C (z-b)f(z)\,dz\right\}/2\pi i$ で計算できる．同様に，$a_{-3} = \left\{\oint_C (z-b)^2 f(z)\,dz\right\}/2\pi i$.

5.6（1） 特異点 b_k はすべて経路 $|z|=2$ の内部にあるので，留数定理より
$$I = 2\pi i \sum_{k=0}^{\infty} \mathrm{Res}(b_k) = 2\pi i \sum_{k=0}^{\infty} a_k = 2\pi i \sum_{k=0}^{\infty} r^k = \frac{2\pi i}{1-r}$$

（2） $f(z)$ の特異点はすべて $|b_k|\le 1$ を満たすため，実際，$|z|>1$ でローラン展開可能である．まず，$b_k \le 1 < |z|$ より $|b_k/z|<1$．ゆえに
$$\frac{a_k}{z-b_k} = \frac{\dfrac{a_k}{z}}{1-\dfrac{b_k}{z}} = \frac{a_k}{z}\sum_{n=0}^{\infty}\left(\frac{b_k}{z}\right)^n = \sum_{n=0}^{\infty} a_k b_k^n \frac{1}{z^{n+1}} = \sum_{n=0}^{\infty} r^k \left(\frac{1}{2}\right)^{kn} = \left(\frac{r}{2^n}\right)^k$$
したがって，$f(z)$ のローラン展開は
$$f(z) = \sum_{k=0}^{\infty} \frac{a_k}{z-b_k} = \sum_{k=0}^{\infty}\left\{\sum_{k=0}^{\infty}\left(\frac{r}{2^n}\right)^k\right\}\frac{1}{z^{n+1}} = \sum_{n=0}^{\infty}\frac{2^n}{2^n-r}\cdot\frac{1}{z^{n+1}}$$
で与えられる．これを $|z|=2$ 上で積分すると，$1/z$ の項だけ非ゼロとなり，$I = 2\pi i/(1-r)$.

5.7 条件から，$Q(z) = (z-z_0)\widetilde{Q}(z)$ を満たす正則関数 $\widetilde{Q}(z)$ が存在する．すると，微分 $\widetilde{Q}'(z) = d\widetilde{Q}(z)/dz$ が存在するので $Q'(z) = \widetilde{Q}(z) + (z-z_0)\widetilde{Q}'(z)$．これに $z=z_0$ を代入すれば，$Q'(z_0) = \widetilde{Q}(z_0)$．ゆえに，5.4.2 項の結果から
$$\mathrm{Res}(z_0;f) = (z-z_0)f(z)\big|_{z=z_0} = \frac{P(z)}{\widetilde{Q}(z)}\bigg|_{z=z_0} = \frac{P(z)}{Q'(z)}\bigg|_{z=z_0}$$
となる．演習問題 **5.2** の 6 個の関数のうち，これが適用できるのは（2），（3），（6）．留数はそれぞれ -1, 1, $\sinh(\pi/2)$.

5.8（1） 図 5.14 の半円型の経路に沿って $f(z)e^{i\omega z}$ を積分する．C_2 上の動点は $z(t) = Re^{it}$ $(t:0\to\pi)$ とパラメータ表示できるので，積分の絶対値が
$$\left|\int_{C_2} f(z)e^{i\omega z}dz\right| \le \int_0^{\pi} |f(Re^{it})|\cdot|e^{i\omega R(\cos t + i\sin t)}|\cdot R\,dt \le \int_0^{\pi} \frac{Me^{-\omega R\sin t}}{R}dt \le \frac{M\pi}{R}$$
と評価できる．これは $R\to\infty$ でゼロに収束するため，$\int_{C_2} f(z)e^{i\omega z}dz \to 0$．ゆえに，定理 5.5 の導出法と同じ議論によって公式（5.30）を得る．

（2） このとき，上の不等式の第 2 式目は次の上限をもつ．
$$2\int_0^{\pi/2} Me^{-\omega R\sin t}dt \le 2\int_0^{\pi/2} Me^{-2\omega Rt/\pi}dt = \frac{M\pi}{\omega R}(1-e^{-\omega R})$$

これは $R \to \infty$ でゼロに収束するため，（1）と同じ結論が得られる．

$\boxed{5.9}$ これら3つの関数を複素関数に拡張した $f(z)$ は，いずれも仮定（ⅰ），（ⅱ）を満たす．ゆえに，(5.30) 式が利用できる．
（1） $\pi e^{-a\omega}$，（2） $\pi(1+\omega)e^{-\omega}/2$，（3） $\pi\{2e^{-\omega/2}\cos(\sqrt{3}\omega/2) - e^{-\omega}\}/3$．

$\boxed{5.10}$ （1） $\pi e^{-2}/4$，（2） $2\pi e^{-\sqrt{3}}\cos(1)/\sqrt{3}$．

$\boxed{5.11}$ 省略．

付　録

問題

[**A.1**] 停留点 $z = 0$ で $\Delta f = (\Delta z)^2$ なので，微小複素数 Δz が，自身の偏角分だけ回転し，自身の大きさ分だけ長さが掛け算される．

[**A.2**] 定数関数 $f(z) = c$ および三角関数 $f(z) = \sin z$．

[**A.3**] （1） $f(z) = \cos^2 z$ と $g(z) = 1 - \sin^2 z$ は実軸で一致する．ゆえに，一致の定理より，複素平面全体で $f(z) = g(z)$．（2） $z_2 = a \in \mathbb{R}$ と制限するとき，$f(z) = \sin(z + a)$ と $g(z) = \sin z \cos a + \cos z \sin a$ は実軸上で一致する．ゆえに，複素平面全体で $f(z) = g(z)$．後は (A.2) 式の証明法と同じである．

[**A.4**] $f(z) = (e^z - e^{-z})/(e^z + e^{-z})$ は，$e^z + e^{-z} = 0$ となる特異点をもち，有界ではない．$f(z) = 1/(z^2 + 1)$ の場合も同様．

[**A.5**] 閉領域 $D = \{z : |z| \leq 2\}$ の内部で，この関数は特異点 $z = \pm i$ をもつ．ゆえに $f(z)$ は D 内で正則ではなく，最大値の定理は適用できない．

[**A.6**] 次の定理が成り立つ．「複素平面上の閉領域 D の内部で正則な複素関数 $f(z) = u(x, y) + iv(x, y)$ について，もしそれが定数関数でないなら，$u(x, y)$，$v(x, y)$ の最大値または最小値は D の境界上で与えられる．」

索　引

ア
アポロニウスの円　41

イ
1次分数変換　65
一致の定理　163

オ
オイラーの公式　37

カ
解析接続　86, 163
開領域　17
加法定理　51

キ
極　78, 149
極形式　29
虚軸　26
虚数単位　21

ク
グリーンの公式　17

コ
高階微分　84
コーシーの積分定理　100
コーシーの評価式　166
コーシー-リーマン
　（CR）関係式　71

サ
孤立特異点　78
最大値の定理　168
三角不等式　25

シ
実軸　26
指数法則　51, 165
周回積分　15, 92
収束半径　126
主値　57, 61
主要部　157
純虚数　21
上極限　128
除去可能な特異点　136
真性特異点　80

セ
正則　77
正の向き　16
絶対収束　126
線積分　11
全微分　9

タ
代数学の基本定理　34, 167
多価関数　57
　無限——　57
多項式関数　62
多変数複素関数　159

チ
調和関数　87

テ
テイラー展開　5, 134
停留点　9

ト
等角写像　84, 161
特異点　63
　孤立——　78
　除去可能な——　136
　真性——　80
ド・モアブルの公式　32

ニ
2変数複素関数　159

ハ
倍角の公式　51

ヒ
ピタゴラスの等式　51
左手の向き　16
微分　1
　——可能　2, 68
　——係数　2, 68
　高階——　84
　偏——　7
　方向——　10

索　引

フ

複素関数　43
　　多変数——　159
　　2変数——　159
複素三角関数　49, 50
複素指数関数　49, 50
複素数　21
複素対数関数　56
複素微分可能　68
複素平面　26
複素有理関数　63
複素累乗関数　60

ヘ

平均値の定理　168

閉領域　17
ベキ級数　137
　　——展開　149
ヘッセ行列　19
偏角　29
偏微分　7
　　——係数　7

ホ

方向微分　10

ム

無限多価関数　57

メ

面積分　16

ラ

ラプラス方程式　87

リ

リウビルの定理　166
留数　146, 152
　　——定理　146, 153

ロ

ローラン展開　138